苏州城市学院教材建设基金资助

物理实验创新方法与技术基础

主　编　高　雷　孙晓燕
副主编　雷　鸣　苏梓豪　李巧月

苏州大学出版社

图书在版编目(CIP)数据

物理实验创新方法与技术基础 / 高雷，孙晓燕主编．
苏州：苏州大学出版社，2024.12． —— ISBN 978－7
－5672－5042－0

Ⅰ.O4－33

中国国家版本馆 CIP 数据核字第 202493TL46 号

| 书　　名：物理实验创新方法与技术基础
WuLi ShiYan ChuangXin FangFa Yu JiShu JiChu
| 主　　编：高　雷　孙晓燕
| 责任编辑：周建兰
| 装帧设计：刘　俊
| 出版发行：苏州大学出版社（Soochow University Press）
| 社　　址：苏州市十梓街 1 号　邮编：215006
| 印　　刷：江苏凤凰数码印务有限公司
| 邮购热线：0512-67480030
| 销售热线：0512-67481020
| 开　　本：787 mm×1 092 mm　1/16　印张：14.75　字数：359 千
| 版　　次：2024 年 12 月第 1 版
| 印　　次：2024 年 12 月第 1 次印刷
| 书　　号：ISBN 978-7-5672-5042-0
| 定　　价：45.00 元

图书若有印装错误，本社负责调换
苏州大学出版社营销部　电话：0512-67481020
苏州大学出版社网址　http://www.sudapress.com
苏州大学出版社邮箱　sdcbs@suda.edu.cn

  本教材是为培养理工科学生的基本应用能力、创新能力而编写的.李克强总理在2014年9月的夏季达沃斯论坛上首次提出"大众创业、万众创新".它意在鼓励人们勇于创业、积极创新,以创业带动就业,以创新驱动发展,为经济注入活力,为社会创造价值.可见,创新创业是未来我国经济发展的新动力.作为人才培养基地的高等学校,尤其是应用型人才培养学校,创新创业能力与意识的培养是责无旁贷的.

  近年来,国内的高等教育对应用型、创新型人才培养进行了许多有益的尝试,也取得了许多成果.一些高新技术成果、举世瞩目的特大工程等,都已显示出了国内的教育人才培养水平.然而,我国站在工程顶端的人才乃凤毛麟角,要培养大批应用型、创新型人才,还需要教育的不断探索与尝试.

  本教材是为创新性物理实验的设计与实践课程特别编写的,这门课程属于学生创新、创意、创业三创能力培养系列课程之一,是培养理工科学生的三创能力的基础课.在此基础上,还将开设培养创新能力的专业课.

  本课程是在如下理念的框架下构建的.在普通物理教学中常常会通过一些自然现象引出物理概念或规律,有时为了展示一些自然现象,促进学生对知识点的理解,设计一些课堂演示实验.有些演示实验,由于受思想、技术等局限,没有达到理想的效果,或者已经过时.为了改进或新建实验,本课程提出了一些实验题目,作为创新项目,在教师的指导下,由学生自己组织实施.教师会从项目需求、创新能力培养需求,对项目进行描述或提出要求,学生分组实施.这些项目将涉及如下知识和技能:物理学知识、电子技术、嵌入式系统、信号处理、计算机仿真等.与这些知识和技术相关的基础课程,学生有的已经学过,有的还没有学过.对此,本课程的理念有以下两方面:一方面,对于已经学过的知识或技术,让学生直接用于解决实际问题.这不仅强化所学过的知识和技能,同时形成"学以致用"的理念,并引导学生反思过去学习中存在的问题,加以改进,利于后续课程的学习.另一方面,对于还未学过的知识或技术,通过项目的牵动,引导学生为用而学,促进"用以致学"理念的发展.这种理念的预期效果是,用什么,学什么,这将促进学生改进学习方法,提高学习效果.尽管这样学的知识或技能是片面的、碎片式的,但是在将来正式的课程中,学生会有难得的感性认识,并且通过正式课程把这些知识整合起来,使应用能力得到明显提高.

  本教材分为四篇:第1篇,创新性物理实验基础,分布在第1章至第4章;第2篇,机械设计与制造,分布在第5章、第6章;第3篇,电子设计基础知识、嵌入式系统基础及应用案例,分布在第7章至第9章;第4篇,MATLAB基础与仿真,分布在第10章、第11章.最后为附录及参考文献.

应用能力、创新能力培养有多种途径,本教材希望通过最直接的手段,激发学生的应用能力、创新能力,期望广大学生在此过程中能够有所收获.

在编写本教材的过程中,我们有幸得到了苏州大学李成金教授的悉心指导,他凭借深厚的专业造诣和丰富的教学经验,提出了许多极具建设性的宝贵意见.苏州城市学院蒋常炯老师与王潇怡老师也帮忙审阅了稿件.此外,编写团队还参考了国内兄弟院校出版的相关教材,并选用了一些其他资料中的图片.在此,全体编者向三位老师以及所有被引用书籍、图片的作者致以最诚挚的谢意!

编 者

2024 年 11 月

第1篇　创新性物理实验基础

第1章　创新性物理实验概述 / 001

1.1　创新性物理实验的目的与意义 / 001

1.2　创新性物理实验的必要性与原则 / 004

第2章　创新性物理实验的分类与组成 / 007

2.1　创新性物理实验的分类 / 007

2.2　创新性物理实验的组成 / 008

第3章　创新性物理实验的测量、数据处理与成果总结 / 010

3.1　实验数据的测量 / 010

3.2　测量数据的处理 / 011

3.3　实验成果的总结 / 013

第4章　创新性物理实验的选题、设计与实现 / 015

4.1　创新性物理实验的选题 / 015

4.2　创新性物理实验的设计 / 016

4.3　创新性物理实验的实现 / 016

4.4　创新性物理实验实例 / 017

第2篇　机械设计与制造

第5章　工程制图 / 019

5.1　工程制图基础知识 / 019

5.2　工程制图三维建模 / 025

5.3　工程制图二维建模 / 030

5.4 工程制图实践案例 / 037

第 6 章 机械设计与制造 / 040

6.1 机械设计基础 / 040
6.2 机械加工简介 / 043
6.3 新产品开发的步骤 / 056
6.4 工程实践案例 1 基于振镜与激光扫描的简谐运动合成演示仪的开发 / 057
6.5 工程实践案例 2 圆盘转动惯量和弹簧劲度系数的测量 / 062
6.6 工程实践案例 3 模型简化和平面汇交力系求解 / 062
6.7 工程实践案例 4 空间汇交力系求解 / 063
6.8 工程实践案例 5 轴力图的画法 / 063
6.9 工程实践案例 6 杆件变形求解 / 063
6.10 工程实践案例 7 扭矩图的画法 / 064
6.11 工程实践案例 8 剪力图与弯矩图的画法 / 065

第 3 篇　电子设计基础知识、嵌入式系统基础及应用案例

第 7 章 电子设计基础知识 / 066

7.1 常用无源器件简介 / 066
7.2 常用半导体器件简介 / 083
7.3 常用电路与硬件设备简介 / 089

第 8 章 物理实验中的单片机与嵌入式系统简介 / 108

8.1 初识单片机与嵌入式系统 / 108
8.2 常见开发板与开发环境 / 112

第 9 章 单片机及电子设计应用案例 / 121

9.1 案例 1 声音信号的产生与观测 / 121
9.2 案例 2 灰度传感器的原理与应用 / 122
9.3 案例 3 电机驱动与简易小车制作 / 126
9.4 案例 4 红外避障应用电路 / 132
9.5 案例 5 寻迹小车的设计与制作 / 137
9.6 案例 6 导盲避障游戏设计 / 141

第 4 篇　MATLAB 基础与仿真

第 10 章　MATLAB 仿真基础 / 144

10.1　模拟仿真概述 / 144
10.2　MATLAB 介绍 / 150
10.3　MATLAB 操作环境 / 150
10.4　MATLAB 的帮助系统 / 153
10.5　MATLAB 数值类型、基本数学函数、矩阵基础及基本操作 / 154
10.6　MATLAB 绘图 / 161

第 11 章　MATLAB 在仿真中的应用 / 168

11.1　光的干涉仿真 / 168
11.2　光的衍射仿真 / 174
11.3　测量分析实例 / 177
11.4　电学仿真实例 / 181
11.5　页面设计实例 / 182

附录　2020—2023 年全国大学生物理实验竞赛（创新）一等奖作品集 / 186

实验一　基于基频波节点悬挂的音乐风铃自动演奏系统研究 / 186
实验二　基于非铁磁金属管中下落磁体运动规律的磁体磁矩的测量与仿真 / 193
实验三　基于 STM32 系统与电磁感应定律的非铁磁金属电导率的测量及
　　　　应用 / 199
实验四　基于劈尖干涉与 MATLAB 的金属线胀系数测量仪的研制与实验验证 / 206
实验五　液面驻波演示及表面张力系数的测量 / 212
实验六　涡电流的产生与测绘 / 218

参考文献 / 225

第1篇 创新性物理实验基础

第1章 创新性物理实验概述

1.1 创新性物理实验的目的与意义

物理学在本质上是一门实验学科,物理规律的发现和物理理论的建立都必须以物理实验为基础,物理学中的每一项突破都与物理实验密切相关.物理概念的确立,物理规律的发现,物理理论的建立都有赖于物理实验.让学生参与物理实验,可以帮助他们掌握基本的物理实验思路和实验器材的操作技术,以加深他们对相关定理的理解.而创新性物理实验的目的则更加明确,那就是把物理基础知识和其他技术学科知识相融合,训练学生的实验技能和动手能力,巩固和加深学生对所学物理知识和其他技术学科知识的理解和应用,促进学生思维的发展和能力的提升,培养学生以科学的态度和方法去发现和解决问题.可见,开展创新性物理实验非常有意义.

一、开展创新性物理实验的目的

1. 加深对物理概念和规律的理解与掌握

纵观物理学的发展,物理规律的发现大致分为两种情况:第一,在自然界中观察到了大量的自然现象或实验现象,为了解释这些现象,形成物理学理论;第二,在理论研究中,通过假说和假设,形成理论或规律,用实验去验证这些理论或规律.

在大众科学教育及科学馆的展示项目中,需要科学、真实、直观、快速、易于复现、定性、定量的物理现象或规律展示.尤其在大学物理教学或中、小学科学教育中,对物理概念的理解和认识是物理学最重要的基础,也是教学的出发点.需要反映物理本源的、现象明显的、易于观察的演示实验去展示自然和物理规律,以便让大众获得形象而具体的感性认知,加深对物理概念、规律的理解和掌握.

尽管传统的物理演示实验在教学中曾经发挥了重要作用,但由于思想方法、技术手段和条件等因素的限制,有些实验存在着不足. 例如,刚体转动定理演示仪无法定量展示(图1-1),旋转矢量(或匀速圆周运动)在水平面上的投影代表简谐运动缺乏直观性和说服力(图1-2),电动机原理的展示不真实(图1-3),共振现象的演示缺乏必要的定量展示,几何光学规律的展示不明显,等等,这些实验均存在着不同程度的缺陷.

图 1-1　刚体转动定理演示仪

图 1-2　简谐运动与圆周运动的等效演示装置

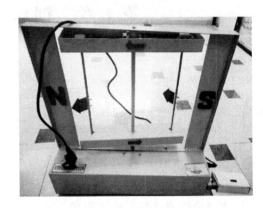

图 1-3　矩形载流线圈在磁场中受力

由于上述教学需求和过去的传统实验存在的各种不足和缺陷,有必要对过去的传统实验加以改进,抑或在传统实验基础上做一些创新,从而加深学生或大众对于科学规律的理解和掌握,提高科学文化素质.

2. 强化实验设计能力与实践动手能力

理工科学生的培养计划中均设置了普通物理实验或大学物理实验.据了解,当前的实验教学存在如下问题:① 实验课与理论课各自独立,且并行开设.一方面,理论和实验教学脱节,甚至理论教学落后于实验教学,这种情况难以实现两者相互补充、相互支撑.另一方面,实验课往往强调基本仪器的使用方法,而忽视实验设计能力的培养.② 部分学生对实验课缺乏足够的重视,既不重视对实验设计方法的理解和掌握,也不重视对动手能力的培养.学校开设普通物理实验的目的不仅仅是让学生学会基本仪器的使用方法,还要培养学生的实验设计能力和实践动手能力.学生通过创新性物理实验课程,学会根据实际需求,去设计实验,完成实验,并学会分析实验数据,得出结论.

3. 提高创新能力

物理学是自然科学和技术的基础,自物理学诞生以来,已经由此繁衍出了众多分支及交叉科学与技术,这些新的自然科学与技术无一不是从物理学科的创新中来的.由此可见,物理实验的创新有助于科学技术的创新.本课程将通过一系列的物理实验创新项目的需求,引导学生将学到的电子技术、计算机技术及嵌入式系统知识等应用到解决物理问题的过程中,从而实现学以致用的教育理念.如果项目所需求的技术还没有学过,那么就通过需求引导学生为用而学,并实现"用中学、学中研、研中创"的理念.这种学以致用和为用而学的理念和方法迁移到所有学科,将极大地提高学生学习的积极性和主动性.因此,通过问题的牵引,提出设计思路和实现途径,并从理论和技术两方面付诸实施,可提高学生解决问题的能力和创新能力.

4. 提高应用工程技术解决实际问题的能力

创新性物理实验的重点是创新,这里的创新主要包括以下三个方面.① 思想方法的创新.思想方法的创新主要指实验的设计思路有多种,比如为了展示电磁感应现象,既可以用永磁棒插入闭合线圈,又可以用载流线圈插入闭合线圈,还可以用互感和涡电流等.这些方法均可视为思想方法的创新.② 实现手段或技术方面的创新.物质存在着各种不同的运动形式,任何运动形式均伴随着能量,各种运动形式之间可以相互转化.因此,原本是某一学科的现象,比如机械振动这样一个纯力学现象,可以用电磁方式来实现.例如,可以利用喇叭线圈中的电流变化,产生机械振动,并作为机械振动的振源;也可以利用压电逆效应形成机械振动.③ 从定性展示到定量测量.自然科学的发展一定程度上显示人类对于物质世界发展、变化的认识水平,而人们对自然现象的认识往往经历着从定性到定量的发展.对于现象的定性解释,通常决定着解决问题的方向.从定性到半定量使问题解决更进一步,而从半定量到全定量会使问题得到全面、彻底的解决,也是科学发展的最高阶段.在物理实验教学中有两类实验:一类是专门实验课中的定量实验;另一类是理论教学中的演示实验.对于演示实验的创新有许多工作可以做.一方面,我们可以改变现象或规律的演示方案,使现象更明显、更容易实现;另一方面,可以从某种程度上,既进行定性演示,也进行定量测量.无论是定性演示,还是定量、半定量的测量,都可以采用现代电子或计算机技术来辅助.此外,也可以通过建模和计算机技术进行模拟仿真实验.

二、开展创新性物理实验的意义

国务院总理李克强在 2015 年的政府工作报告中正式提出了"大众创业、万众创新"号召,该号召指出了创业和创新对中国经济的重要意义.创新创业将是未来我国经济发展的新动力.作为人才培养基地的高等学校,培养学生的创新创业能力与意识是责无旁贷的任务.

1. 增强创新意识

从心理学角度,意识决定行为或行动.要使创新型国家的建设及创新创业工作落到实处,首先要树立创新创业意识,使创新成为一种习惯.要养成这种意识和习惯需要反复实践,而不是只停留在口头或宣传的层面.创新性物理实验课程将把学生创新能力与意识的培养贯穿于教学的全过程.

2. 强化学生学以致用和用以致学的意识

教育工作的根本目的是人才培养,理工科方向的人才培养目标是培养以需求为导向的技术应用型人才.应用型人才的显著特征是具有一定的问题解决能力.传统的教育方法往往注重知识传授,有关实践的教学案例不多.本课程以一定数量的实际问题为案例,并且作为创新实验项目,从项目需求出发,通过建模、制订方案乃至付诸实施等一系列过程,培养学生解决实际问题的能力.

本课程的开设时间是大学第三或第四学期,有些专业课刚刚开设,有些专业课还没有开设.由于项目的需要,学生可以将学到的知识用于解决项目中的实际问题,从而加深对已学知识的理解和掌握,同时提高应用能力.如果项目需要用到没有学过的知识或技术,学生可以根据项目的需求进行自学,这是一种以项目需求为牵引的新的学习方式,可以称为"用以致学"的方式.我们认为,这种"用以致学"的方式可以加速从学到用的转化过程,也可以增加知识向应用能力的转化率,强化学生应用能力培养的意识.

3. 迁移学习方法与科研方法

随着科学技术的进步,尤其是以计算机技术为代表的信息技术的发展,新知识、新技术层出不穷,学校教育的有限时间、空间已经远远无法满足人们的学习需求,但学生在学校教育中所养成的学习能力、研究能力将会在未来的终身学习中起到关键作用.在创新性物理实验课程中,以项目为牵引,学生可以将学到的知识立刻应用到实际问题中,或者将项目需求为牵引的学习方法、科研方法迁移至其他学科的学习过程或科研过程中,并延续到未来的终身学习过程中,从而受益终身.

1.2 创新性物理实验的必要性与原则

一、创新性物理实验的必要性

前已述及,当前的大学物理实验包括培养计划中的物理实验和课堂演示实验.前者侧重于基本仪器的使用和基本的实验方法,偶有设计性实验,但是所涉及的大都是验证性实验.毋庸置疑,基本仪器的使用和基本的实验方法对于初学者很重要,并且在基本动手能力培养方面发挥了关键作用.而对于课堂演示实验,由于课时的压缩,演示效果欠佳,且考试中很少包含相关内容,目前许多大学物理课堂已经难得见到了.另外,各学科及各专业尽管拥有专业实验课,近几年还出现了专业综合实验(践)课,但是这些实验大都集中在课程或者学科本身,且多数属于验证性或综合性实验,几乎不涉及工程方面的实际问题.学生在校期间缺乏用专业知识和技能解决实际问题的训练,学生解决实际问题的能力自然也就难以被培养出来.因此,开设创新性物理实验课,对于应用型、创新型人才培养是十分必要的.

1. 传统物理实验存在的问题与创新需求

传统的普通物理实验中,力学、热学、电磁学和光学等实验是分开进行的,各学科的实验题目基本上是独立的,尽管有少量题目会有一定的渗透或综合,但是相互之间的交叉与融合较少.尽管其中也有综合性、设计性实验,但是大多是物理学各学科之间的融合,很少涉及电子技术和计算机技术,更谈不到其他工程技术了.演示实验近几年来很少在课堂中出现,其原因主要是以下几个方面:① 实验设计存在缺陷,演示效果不佳;② 占用较多的课堂教学时间,而实验内容一般不在考试范围内;③ 教师实验能力有限,达不到预期效果.出现以上情况的主要原因是实验设计本身存在问题.例如,力学中的共振实验,由于缺乏数字化等定量设计,在调整系统的共振状态时,往往需要较长时间,且有时可能错过共振频率,看不到共振现象.再如,演示直流电动机原理的实验,其设计思想更是存在科学性问题,其设备中既没有磁场,也没有电流,而是利用机械传动装置展示电动力,这显然偏离了物理学实验的初衷.此外,关于波动光学中的干涉、衍射及偏振现象,几乎没有课堂演示实验,即使有,也存在着操作难、保持难等问题.这些情况都在一定程度上给教学效果带来了负面影响.

2. 以物理创新实验需求拉动专业知识学习和专业技术训练

传统的教育方式是,按照培养计划从通识教育到专业基础教育,再到专业教育,最后是综合实践教育.其主要理念是从学到用,或学以致用,这从理论上是无可置疑的.然而在教学实践中存在如下问题:① 由于学生学习基础知识或专业知识时,少有涉及实际问题,导致学生缺乏学习的积极性和明确的目标,对知识的学习停留在知道和了解的浅层水平,且处于应试状态.课程结束后,多数学生又将知识还给老师.② 由于缺乏实际问题的牵引,学生常常不知道所学的知识在实际问题中是否有用,更不知道如何使用.③ 另外,实际问题又往往是综合性问题,学生需要将所学的各方面知识综合在一起去解决问题.尽管培养计划中有专业综合实践课,但这里的综合往往是专业内的综合,少有针对实际问题的综合性训练.

本课程以实际物理问题的需求为出发点,引领学生将学到的专业知识用到实际问题的解决中,或者让学生为了解决实际问题自学一些所需要的知识和技能.这种学以致用和用以致学的人才培养理念及方法,对于应用型、创新型人才培养目标的达成将是重要的、有效的.而这种以实际问题或项目引领的学习、实践的理念和方法,将对学生后期的学习和实践产生积极的影响.

二、创新性物理实验的原则

1. 实用性原则

开发创新性物理实验时要根据教学实际选取题目.在设计物理实验时,尤其要注意联系学生的生活实际和社会实际,教给学生"有用的物理".这一方面可以提高学生的学习兴趣,使学生在生活中感觉物理知识无处不在;另一方面可以使学生在掌握物理知识的基础上,能够清楚用所学的知识可以做什么和怎么做,有利于学生理解物理的本质和价值.在普通物理学中有许多现象、概念和规律都与人们的生活息息相关.为了展示基本的、重要的现象,促进学生对复杂、重要概念或规律的理解,开发的实验要体现实用性.

2. 科学性原则

我们应该精准地结合相关理论知识,开发一些操作实验,目的在于提高学生的动手能力、思维活跃度和实验参与度.在开发物理实验的过程中,最重要的是保证实验原理、方法的科学性,不能为了展示效果而忽略其科学性,甚至违背科学.例如,传统物理实验中演示电动机原理的实验,不是通过线圈在磁场中受力或力矩而转动,而是以机械传动的齿轮结构让金属框转动,这种以虚假实验的方式演示物理现象是违背科学的.另外,有些原本可以通过真实实验演示的现象,却以模拟动画来演示,也是不可取的.应拒绝虚假实验和无原则仿真实验.

3. 直观性原则

所谓直观性,是指实验可视、可感、可操作,且能让大多数学生参与其中.物理实验,尤其是演示实验,常常是向学生或大众直接展示现象或规律,因此,在一般情况下应确保现象明显,且能被直观地观察到,同时具有稳定性和可重复性.不直观、不形象和不生动的实验,显然是达不到引导学生或者大众认识科学知识或者规律的效果的.对物理教材中有些实验,学生得不到真切的感受,如坠云雾,实验教学效果就会不理想,这些实验就需要直观的演示实验的辅助.

 思考题

1. 试根据个人理解,阐述开展创新性物理实验的目的.
2. 试根据个人理解,阐述开展创新性物理实验的意义.
3. 简述创新性物理实验的必要性.
4. 阐述创新性物理实验的原则.
5. 举例说明为什么要培养学生的创新实践能力.

第2章 创新性物理实验的分类与组成

2.1 创新性物理实验的分类

从教学的角度,物理实验分为学生分组实验和课堂演示实验两类.也可以从其他方面进行分类,如从学科方面,物理实验可分为力学、热学、电磁学、光学和近代物理实验.创新性物理实验是近几年提出的新概念,未见文献有明确的分类.如果一定要进行分类,笔者认为,可以尝试按如下类型进行区分.

一、定性展示实验

定性展示实验一般用于现象的演示,比如,运动快慢的比较,动量定理中力与作用时间两种极端情形的应用,转动定理,角动量守恒,阻尼振动,共振现象,热胀冷缩现象,气体的宏观行为,电场线的分布,磁力线的分布,电场对于电荷的作用,磁场对于电流的作用,光的干涉、衍射现象,等等.

二、定量测量实验

定量测量实验一般指普通物理实验课中的实验.定量测量是指采用一定的科学设备和仪器干预、控制研究对象,揭示其精确数量的一种科学实验方法.这类实验基本是按照学科组织的,旨在培养学生掌握基本仪器的使用方法和基本实验方法.它是在定性研究方法的基础上发展起来的.

三、定性展示加定量测量实验

有些实验,尤其是演示实验,大多是定性演示现象,但是在许多演示实验中也涉及定量的物理规律.比如,刚体的定轴转动演示仪,这个演示仪是为了演示刚体定轴转动的角加速度 β 与合力矩 M 成正比,与转动惯量 I 成反比的关系.这个演示实验只是定性地演示了这种关系,没有从定量测量的角度进行设计.再如,共振现象演示仪通过曲轴、钢条与横梁连接,当曲轴转动时为横梁提供周期性策动力,并通过横梁传递给钢条.因为曲轴转速可调,所以策动力周期可调.当策动力周期与钢条固有周期相等或接近时,钢条即发生共振.又如,干涉和衍射演示仪通过激光照射在双缝、单缝或多缝上演示相关现象.这些实验一般都是定性实验.然而这些实验均伴随着定量的物理学规律,若能实现快捷的定量测量,则会对学生确信所学规律有决定性的帮助.同时,也诠释了人类对于自然现象的探索总是按照从定性到定量发展的规律.

四、虚拟仿真实验

虚拟仿真实验是近几年出现的新的实验类型.这类实验通常是根据真实的物理问题,建模、写方程,代入初始条件和边界条件,通过解析或数值方式求解方程,再根据所得结果进行计算机仿真实验,最后跟真实实验进行比对,核实是否取得一致结果.这类实验是目前比较高端的实验类型,有比较广阔的发展前途.

五、DISLab——数字化信息系统实验

DISLab(Digital Information System Laboratory)即数字化信息系统实验,是一种将传感器、数据采集器和计算机组合起来,共同完成对物理量测量的实验.在 DISLab 实验过程中,人们可以直接在计算机上得到实验数据,并通过图表、图线等分析出实验结果,十分直观与简便,它可以简化传统实验课上烦琐的计算过程.DISLab 可以让学生在学习物理知识的过程中更直观、更真实地了解物理学中的数据或者某些较为抽象的原理与公式.

2.2 创新性物理实验的组成

一般来说,创新性物理实验总体上由四部分组成:第一,物理现象和规律的展示;第二,机械结构的设计;第三,电子或单片机(或嵌入式)系统的控制和测量;第四,数值计算和计算机仿真.下面分别予以介绍.

一、物理现象和规律的展示

物理现象和规律的展示是创新性物理实验的基础部分,也是核心部分.无论其他方面做得如何完美,若物理现象或规律展示得不正确、不明显,其他工作都是徒劳无功的.因此,在实验设计方面,必须将物理现象和规律的展示放在突出的位置上,所有其他设计均要以物理现象和规律的展示为核心.为了突出电子或计算机技术而忽视物理现象和规律本源,是一种喧宾夺主的行为,不是开发创新性物理实验的目的.

二、机械结构的设计

通常传统的物理实验都已经给定实验装置,最多要求学生利用已有的装置进行组合创新,一般不涉及机械结构的设计.而创新性物理实验中通常用到的很多零件都是非标件,设计加工都有一定的难度,这就需要学生不仅要掌握一般标准件或者标准设备参数,还需要了解物理实验的实际需求,根据实际需求来设计、加工实验装置.因此,创新性物理实验需要加入机械结构的设计部分.

三、电子或单片机(或嵌入式)系统的控制和测量

传统的物理实验,尤其是演示实验,一般只是定性展示物理现象或演示某些变量之间的变化关系,不重视现象的精准控制和定量测量.但是,为了现象演示快捷、精确,且在一定程度上显示定量关系,需要对这些定性实验进行改进,以实现精准控制和测量.因此,需要加入

电子或单片机(或嵌入式)系统的控制和测量部分.

四、数值计算和计算机仿真

除了现象和规律的演示、控制及测量外,有些实验还需要进行数值计算和计算机仿真.这里的数值计算和计算机仿真是根据实际物理问题,包括实验仪器设备的各种参数和环境条件,建立模型,写出动力学方程或数学关系,通过解析式的求解或数值计算,对现象进行仿真,再将仿真和计算结果跟真实的实验进行比对,从而加深对物理理论知识的理解.

思考题

1. 举例说明什么是定性物理实验,什么是定量物理实验.
2. 试设计一个展示"力是改变物体运动状态的原因"的实验,并给予解释.
3. 举例说明什么是虚拟仿真实验.
4. 电子技术及计算机技术在创新性物理实验中的作用是什么?
5. 在物理实验中为什么要用到计算机仿真?你认为哪些实验需要采用计算机仿真?哪些实验不建议采用计算机仿真?

第3章 创新性物理实验的测量、数据处理与成果总结

3.1 实验数据的测量

创新性物理实验是普通物理实验的升级,它不是仅仅停留在简单的现象演示,而是在演示现象的同时,通过测量验证一些规律.因此,关于实验测量、数据处理和成果总结这方面的工作是必不可少的.

实验题目确定后,重要的工作是制订实验方案.在大量调研的基础上,制定研究过程的路线图,选择突破口和切实可行的技术路线,包括研究理论依据,建立物理模型,选择适当类型的实验和实验方法,设计正确的测量方法和路线,选择恰当的实验仪器设备,等等.在实验方案中还要探究最佳实验条件,实验方案还应兼顾数据处理的方法及误差的合理估计.实验方案应具有先进性、预见性和切实可行性.教师须对学生提供的实验方案进行把关,避免研究性实践活动出现大的偏差.在进行实验时需要注意以下几点.

1. 选择最佳实验方法

根据课题研究对象的性质与特点,收集各种可能的实验方法,在分析和比较各种实验方法的适用条件、可能达到的实验精度、可行性及经济因素后,选择符合实验要求的最佳实验方法.

2. 选择最佳测量方法

实验方法确定后,需要选择一种最佳测量方法,充分发挥现有仪器设备的效能,使各物理量的测量结果误差最小.测量中,产生误差的原因是复杂的,根据误差的性质和产生的原因,可将误差分为粗大误差、随机误差和系统误差三类.

粗大误差是由于实验者的疲劳、疏忽大意,或环境条件的突然变化而引起的.对于这类误差,首先要设法判断其是否存在,然后应用相应的调整将此类误差剔除.

在相同的条件下,对同一物理量进行多次重复的等精度测量,每次测量的误差绝对值时大时小,误差时正时负,任何一次测量值的误差都是随机的,这类误差称为随机误差.对于这类误差,主要采用等精度多次测量的方法来尽量减小其影响.对于一些等间隔、线性变化的连续序列数据,则可以采用逐差法和最小二乘法等来处理以减小随机误差的影响.

在一定条件下,对同一物理量进行多次重复测量时,误差的绝对值和符号保持不变,或在条件改变时按某一确定规律变化的误差,称为系统误差.系统误差的来源主要有仪器误差、方法理论误差、环境误差、个人误差等.对于系统误差,应有针对性地运用各种基本测量方法,来使之减小.要仔细考察、研究对测量原理和方法的推演过程,检验或校准每一件仪器,分析每一个实验条件,考虑每一步调整和测量,注意每一种因素对实验的影响,等等.

3. 选用合适的仪器设备

根据实验目的和精度要求，选用最简单、最经济的符合要求的仪器．衡量仪器的主要技术指标是分辨率和精确度，即仪器能够测量的最小值和仪器误差．若实验中选用多种仪器，还应注意仪器的合理配套和仪器误差的合理分配．

3.2 测量数据的处理

在确定了正确的实验方案和测量方法的基础上，即可开始测量数据，并对数据进行处理．测量数据的处理方法分为传统的数据处理和计算机辅助数据处理两大类．

一、传统的数据处理

物理实验的目的是找出物理量之间的内在规律或验证某种理论．对实验得到的数据必须进行合理的分析、处理，才能得到正确的实验结果和结论．数据处理是指通过科学的方法对原始数据进行加工，得出实验结果的过程，它贯穿于物理实验的全过程，我们应该熟悉和掌握它．在一篇完整的科学论文或科研报告中，往往是先列出各种数据，再用图像表示出物理量之间的变化关系，最后用严格的数据处理方法，如最小二乘法、回归分析法等，得出数值上的定量关系，并给出实验结果和不确定度．物理实验常用的数据处理方法有列表计算法、作图法、逐差法、最小二乘法及回归分析法等．

1. 列表计算法

在记录和处理数据时，常把数据排列成表格，这样既可以简单而明确地表示出被测物理量之间的对应关系，又便于及时检查和发现测量数据是否合理，有无异常情况．列表计算法就是将实验数据中的自变量、因变量的各个数据及计算过程和最后结果按一定的格式有秩序地排列出来．列表计算法是科技工作者经常使用的基本方法，为了养成习惯，每个实验中所记录的数据必须列成表格，因此在预习实验时，一定要设计好记录原始数据的表格．

2. 作图法

作图法是在坐标纸上用曲线或几何图形描述有关物理量之间的关系的方法，它是一种被广泛用来处理实验数据的方法，特别是在还没有完全掌握物理量之间的变化规律或还没有找到适当函数表达式时，用作图法来表示实验结果，常常是一种很方便、有效的方法．为了使图线能清晰、定量地反映出物理量的变化规律，并能从图线上准确地确定物理量值或求出有关常量，必须按照一定的规则作图．

3. 逐差法

逐差法是数值分析中使用的一种方法，也是物理实验中常用的数据处理方法，在所研究的物理过程中，当变量之间的函数关系出现多项式，且自变量 x 呈等间距变化时，则可以采用逐差法处理数据．

逐差法是把实验测得的数据逐项相减，以验证函数是否有多项式关系，或者将数据按顺序分成前、后两部分，后部分与前部分对应项相减后求其平均值，以得到多项式的系数．由于测量准确度的限制，逐差法只适用于一次和二次多项式．

4. 最小二乘法

最小二乘法是一种解决怎样从一组测量值中寻求最可靠值或者最可信赖值的方法,对于等精度测量,所得的测量误差是无偏的(既无粗大误差,也排除了测量的系统误差),服从高斯分布且相互独立,则测量结果的最可靠值是各次测量值相应的偏差平方和为最小时的那个值,即算术平均值.因为最可靠值是在各次测量值的偏差平方和为最小的条件下求得的,历史上又把平方称为二乘,故称这一计算方法为最小二乘法.最小二乘法是以误差理论为依据的严格、可靠的方法,有准确的置信概率.按最小二乘法处理测量数据能充分地利用误差的抵偿作用,从而可以有效地减小随机误差的影响.

5. 回归分析法

相互关联的变量之间的关系可以分成两类:一类是变量之间存在着完全确定的关系,这种关系叫作函数关系;一类是变量之间虽然有联系,但由于测量中随机误差等因素的影响,造成了变量之间联系有不同程度的不确定性,但从统计上看,它们之间存在着规律性的联系,这种关系叫作相关关系.相关变量之间既相互依赖,又有某种不确定性.回归分析法是处理变量间相关关系的数理统计方法.回归分析法就是通过对一定数量的观测数据所作的统计处理,找出变量间相互依赖的统计规律.如果存在相关关系,就要找出它们之间合适的数学表达式.由实验数据寻找经验方程,称为方程的回归或拟合.方程的回归就是要用实验数据求出方程的待定系数.在回归分析中为了估算出经验方程的系数,通常利用最小二乘法.得到经验方程后,还要进行相关显著性检验,判定所建立的经验方程是否有效回归.分析所用的数学模型主要是线性回归方程.根据相关变量的多少,回归分析又可分为一元回归和多元回归.回归分析法的优点在于理论上比较严格,在函数形式确定后,结果是唯一的.

二、计算机辅助数据处理

1. 应用 Excel 和 Origin 软件进行数据处理

关于实验数据的处理及分析,可以使用 Excel 或者 Origin 软件帮助,二者均是基于最小二乘法原理对数据进行拟合的.Excel 的数据处理界面,学生比较容易学习和掌握,在此不做详述.而 Origin 的使用方法可以查阅相关手册.

2. 利用 Mathematica 与 MATLAB 软件进行数据处理

Mathematica 是由英国科学家斯蒂芬·沃尔夫勒姆领导的沃尔夫勒姆研究公司开发的一款广泛使用的科学计算软件.它拥有强大的数值计算和符号运算能力,是使用最广泛的数学软件之一.Mathematica 的发布标志着现代科技计算的开始.Mathematica 是世界上通用计算系统中最强大的科学计算软件.自 1988 年发布以来,它已经在各个领域产生了深刻的影响.

MATLAB 是 matrix 和 laboratory 两个词的组合,意为矩阵工厂(矩阵实验室),是由美国 MathWorks 公司发布的主要面向科学计算、可视化及交互式程序设计的高科技计算环境.它将数值分析、矩阵计算、数据可视化及非线性动态系统的建模和仿真等诸多强大功能集成在一个易于使用的视窗环境中,为科学研究、工程设计等领域提供了一种全面的解决方案,并在很大程度上摆脱了传统非交互式程序设计语言(如 C、FORTRAN)的编辑模式,代表了当今国际科学计算软件的先进水平.

MATLAB在数学类科技应用软件中的数值计算方面首屈一指.利用MATLAB,可以进行矩阵运算、绘制函数图像、处理数据图表、实现算法、创建用户界面、连接其他编程语言的程序等,它主要应用于工程计算、控制设计、信号处理与通信、图像处理、信号检测、金融建模设计与分析等领域.

MATLAB的基本数据单位是矩阵,它的指令表达式与数学、工程中常用的形式十分相似,故用MATLAB来求解问题要比用C、FORTRAN等编程语言完成相同的事情简洁得多,并且MATLAB还吸收了Maple等软件的优点,在新的版本中也加入了对C、FORTRAN、C++、JAVA的支持.这使MATLAB成为一个强大的数学软件.

在本课程中,这两个软件主要用于数值计算和计算机仿真.

3.3 实验成果的总结

创新性物理实验的重点是创新,其包括思想方法的创新、实验方法的创新、实现手段的创新及实验结果的创新等.实验者有义务将这些创新以论文或实验报告的形式与同行或科技工作者共享.论文或实验报告的形式依实验的内容和所得的结果的不同而不同.无论是何种形式,实验成果主要包括如下几部分内容.

一、引言

引言(或绪论)简要说明研究工作的目的、范围、相关领域的前人工作和知识空白、理论基础和分析、研究设想、研究方法和实验设计、预期结果和意义等,引言应言简意赅,不要与摘要雷同,不要成为摘要的注释.一般教科书中已有的知识在引言中不必赘述.比较短的论文可以只用小段文字起到引言的效用.学位论文需要反映作者已掌握了坚实的基础理论和系统的专门知识,具有开阔的科学视野,对研究方案做了充分论证,因此有关历史回顾和前人工作的综合评述及理论分析等,可以单独成章,用足够的文字叙述.

引言的目的是给出作者进行本项工作的原因及目的,因此应给出必要的背景材料,让对这一领域并不特别熟悉的读者能够了解进行这方面研究的意义、前人已达到的水平、已解决和尚待解决的问题,最后用一两句话说明论文的目的和主要创新之处.

二、正文

正文是核心部分,占主要篇幅,可以包括调查对象、实验和观测方法、仪器设备、材料、实验和观测结果、计算方法和编程原理、数据资料、经过加工整理的图表、形成的论点和导出的结论等.论文主体的内容应包括以下两部分:第一,材料和方法.材料包括材料来源、性质、数量、选取和处理事项等,方法包括实验仪器、设备、实验条件、测试方法等.第二,实验结果与分析讨论.以图或表等手段整理实验结果,对结果进行分析和讨论,包括通过数理统计和误差分析说明结果的可靠性、可重复性、适用范围等,对实验结果与理论计算结果进行比较(包括不正常现象和数据的分析).值得注意的是,必须在正文中说明图表的结果及其直接意义.复杂图表应指出作者强调或希望读者注意的问题.

对研究内容及成果应进行较全面、客观的理论阐述,应着重指出本研究内容中的创新、改进与实际应用之处.理论分析中,应将他人研究成果单独书写,并注明出处,不得将其与自己提出的理论分析混淆在一起.对于将其他领域的理论、结果引用到本研究领域的,应说明该理论的出处,并论述引用的可行性与有效性.

三、结论

结论是最终的、总体的结论,不是正文中各段小结的简单重复.结论应该准确、完整、明确、精练.如果不可能导出应有的结论,也可以在没有结论的情况下进行必要的讨论,如提出建议、研究设想、仪器设备改进意见及尚待解决的问题等.

四、参考文献

列出撰写论文所引用的主要文献,参考文献应按照论文中引用出现的顺序列出,并加序号.需要注意的是,各种报纸上刊登的文章及未公开发表的研究报告等通常不宜作为参考文献引用.引用网上参考文献时,应注明该文献的准确网页地址.

思考题

1. 在物理实验中为什么要进行测量?
2. 测量某一物理量时,需要注意哪些问题?
3. 在物理实验中为什么要进行数据处理?处理数据的原则是什么?
4. 对物理实验数据进行处理的方法有几种?
5. 为什么要对实验成果进行总结?

第4章 创新性物理实验的选题、设计与实现

4.1 创新性物理实验的选题

创新性物理实验的主题是创新,目的是开发新型物理实验以辅助理论教学,引导学生运用所学专业知识与技术解决工程问题.因此,实验的选题、设计与实现是关键.

一、实验选题应面向理论教学知识的重点与难点

首先,实验选题应面向理论教学知识的重点与难点.在理论教学中,有许多概念或规律比较抽象、复杂,学生难以理解与掌握,物理实验教学专家设计了许多经典的实验,这些实验在帮助学生理解、掌握教学重点与难点方面发挥了有效作用.但是,部分实验受当时设计思想与技术的限制,如今显得有些过时,实验效果有待改进.因此,在选题时应该考虑到上述情况.

二、对实验选题进行可行性论证

当确定实验选题后,首先应查阅资料.查阅资料的能力可体现一个人获取与处理信息的能力,也是科学研究与技术创新的第一步.查阅资料的目的:第一,了解该项目是否有人做过,如果有人做过,做到什么程度?解决了什么问题?效果如何?如果前人做了,且效果达到了预期目标,则没有必要做重复工作.当然,单从培养实践能力方面考虑,也可再做,并进一步改进实验效果.如果该项目没有被做过,则可以确定为创新项目.第二,查询与该项目相关的方法、技术等资料.根据查询的信息,确定开展本项目的必要性和可行性.

三、对实验选题应用空间进行拓展

在项目实施全过程中,无论是初期、中期还是后期,都应考虑对项目进行拓展.一方面是对项目本身进行拓展,另一方面是将该项目的方法、手段向其他方面拓展.这一点在项目的初期和后期尤为重要.初期留出拓展空间,将来对项目进行拓展时不必重复设计,以节省时间和资金.而项目后期的拓展既可以是项目自身的延伸,也可以是将相关的方法和技术用到其他项目中.总之,学生通过项目的研发与实施过程,得到更多的启发和锻炼的机会.

四、从工程技术角度考虑实验选题

从设立本课程的目的、意义的角度,创新性物理实验中思想方法的创新与技术的创新同样重要,思想方法的创新,不仅提高了学生的创新意识,也提高了其发现问题、分析问题的能

力及技术的创新能力.因此,在确定选题并制订方案时,就要从工程技术角度思考如下问题:本项目需要哪些知识和技术?哪些知识和技术是学生已经学过的?哪些知识和技术需要学生边用边学?一般需要学生自学的知识或技术不宜太多、太复杂,难度控制在学生通过努力可以达到的范围内.

之所以一定要从工程技术角度思考,是因为开设本课程的重要目的是学生通过创新性物理实验的开发,能够将学到的知识和技术用于解决实际问题,能够根据项目需要,自学相关技术,边用边学,并能将这两种理念和方法迁移至其他专业知识学习中.

4.2 创新性物理实验的设计

一、实验选题

前已述及,实验选题要考虑其必要性,要根据物理教学的需要,突出重点,克服难点,将抽象难懂的知识形象化、直观化.另外,要考虑学生通过该项目的研究与实践,能够在哪些专业技术方面得到提高.

二、方案设计

设计项目实施的方案时需要考虑如下几点:① 反映的物理现象或规律科学、直观;② 展示的现象既可以是单一的、纯粹的,也可以是综合的、复杂的;③ 现象展示要具有稳定性、安全性及可重复性;④ 实验装置结构合理、易维修;⑤ 体现一定的科学与技术的应用.

4.3 创新性物理实验的实现

一、定性实验

与其他科学或技术实验一样,创新性物理实验在完成了方案设计后,首先应进行定性实验,即通过简单方法和简易设备,初步搭建实验系统,并进行实验.若根据设计方案看到了想看到的现象或达到了预期的目标,则可以开展接下来的定量实验;若没有出现想看到的现象,需要修改方案,并再次尝试定性实验.

二、定量实验与测量

如果定性实验达到了预期目的,则可以开始定量实验.在做定量实验时需要根据测量精度选择仪器设备,既要防止精度不够,也要避免不必要的高精度带来的经费浪费.在定量实验的同时获取足够的数据,以证明相关规律的正确性.

三、数值计算与计算机仿真

大致在以下三种情况下开展计算机仿真实验:① 在真实实验的基础上,通过建模和相关测量,将数据代入描述系统的方程,在一定的初始条件、边界条件下,求解方程,之后通过计算机软件如 MATLAB 或 Mathematica 进行数值计算或仿真.② 现象或规律已被证明是正确的,但真实实验或无法实现,或存在危险,或费用过高,或微观上很小、宏观上很大,导致无法用肉眼观察.③ 其他平面或立体的动画仿真.目前普遍认为,前两种情况下采用计算机仿真实验是正确的、可行的.教育主管部门也支持鼓励这类项目的实施,并且已制定了仿真实验教学中心的建设原则:只要真实实验安全可控、经费不高,绝不仿真.

笔者认为,上述第一类仿真实验是可以在高校中推广的.从教学演示的角度,一方面,学生可看到真实的实验;另一方面,根据真实实验数据和初始条件、边界条件及描述该现象的模型和方程,通过数值模拟并仿真出与真实实验相同的结果,不仅证实了理论的正确性,而且开拓了计算机仿真实验的空间,同时,使学生学会根据实际问题进行建模,掌握分析问题和解决问题的能力.

4.4 创新性物理实验实例

实验　非特定人群语音点播音乐风铃的自动演奏研究

一、引言

风铃是指在风吹动的情况下能发出声音的物品,多用来作为饰品.在风的吹动下,各个铃铛或其他物体相互碰撞发出声音,如图 4-1 所示.风铃的种类很多,如日本风铃、八角风铃等.中国人所谓铃、钟、铎,与西方所谓 bell、chime,虽然不等于风铃,却与风铃在造型、听觉、原理上有相当大的相似性及衍生性,所以一般人很容易将这些器物联想作风铃,因而丰富了风铃的创作与运用.

从物理学的角度讲,由金属管(杆)组成的风铃由于被敲击产生振动而发出声音.同种材料、长度不同的风铃发出的声音的频率不同.当其长度合适的时候,一组金属管(杆)被敲击时可以发出乐音,并可演奏音乐.一般将金属管(杆)悬挂起来进行演奏,当悬挂点距离端点为管长 L 的 22.4%,即 $0.224L$ 时,整个系统受振动的影响较小,此时音量大,音质悦耳.

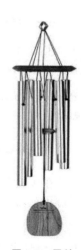

图 4-1　风铃

二、项目描述

(1) 搭建音乐风铃系统:① 自行设计并制作风铃系统;② 调整风铃管长度以使声音准确;③ 研究敲击风铃时声音的不同和变化.重点研究敲击位置、敲击方向、敲击力度及敲击部件对于风铃声音的影响.这不仅靠听觉识别,还要靠高级分析方法,如利用 MATLAB 软件进行分析.

(2) 搜集音乐风铃全部金属管(杆)的音频信号,并对每个音频信号进行分析(傅里叶变换或小波变换),找到其频谱和对应的振幅,尝试仿真这些音频信号.

(3) 选择 5~10 首大众耳熟能详的歌曲或乐曲(要考虑设计的系统能够演奏),将歌曲乐谱中的每个音符(如 1、2、3 等)编成代码(根据每个音符的节拍长短确定音符间的时间间隔),存到系统内,等待调用.

(4) 搭建嵌入式系统.具体实现如下目标:① 根据指令发出信号,执行模块完成敲击,建议调试敲击力度和接触时间;② 按照乐谱要求确定敲击顺序与时间间隔;③ 接受并执行语音系统临时发出的指令.

(5) 用语音识别软件对于非特定人群发出的点播曲目请求进行识别,并向嵌入式系统发出指令,由嵌入式系统完成存入系统的乐曲的演奏.演奏完后,发出指令给语音系统,由语音系统完成谢幕.其间,允许互动者改变想法,可执行"停止""换一首""下一首""上一首"等指令.

三、创新之处

本实验创新之处体现在如下几个方面:① 对风铃管音频信号进行分析并仿真;② 用语音识别软件识别非特定人群语音,并发出指令;③ 以单片机或嵌入式系统完成风铃管的按序敲击;④ 实现敲击的力度控制和时间间隔控制.

四、能力提升

通过本实验,应注意提升如下能力:① 系统结构设计能力;② 材料的加工、组装和调试能力;③ 嵌入式系统的控制能力;④ 初步实现语音识别软件与单片机协同工作的能力.

五、实验建议

① 加工金属管(杆)时要注意悬挂点的位置,不能随意打孔并悬挂;② 金属管(杆)通常很重,框架要做得坚固、耐用;③ 金属管(杆)的长度从左向右递减排列,保证音阶从左向右递增排列,使之与键盘乐器的排序习惯相同;④ 选购电动敲击部件时要注意敲击部件的行程和力度;⑤ 可尝试若干种材料敲击金属管(杆),选择其中声音最悦耳的材料.

六、注意事项

在实验中要注意以下几点:① 充分论证,整体设计;② 节省开支,节约时间;③ 小组每个成员必须认真参与每个环节,掌握每项技术;④ 形成完整的项目资料,其中包括项目设计方案、结构部分设计图纸(建议用专业机械设计软件设计);⑤ 仿真程序代码标注完整、清晰,可读性强;⑥ 整理详细的用户使用手册;⑦ 购买原材料及元器件时必须经任课老师,并报送工科实践教育中心批准;⑧ 购买原材料和元器件时必须提供正规发票.

第 2 篇 机械设计与制造

第 5 章 工程制图

5.1 工程制图基础知识

一、工程图纸的作用和内容

工程图纸是产品设计的语言,是机械行业中设计和生产的重要技术文件.在现代工业生产中,设计和制造各种金属切削机床、仪器仪表设备、采矿冶金设备、化工设备等都离不开图纸.在使用这些机器和设备时,也常常要通过阅读图纸来了解它们的结构、原理和性能.因此,图纸成为指导生产和进行技术交流不可缺少的工具,被称为工程技术界的"语言".绘制和阅读图纸是工程技术人员必须具备的技能.

任何机械都是由许多零件组成的,制造机器就必须先制造零件.机械图纸包括零件图、装配图等,图纸是制造和检验产品的依据,它依据零件在机器中的位置和作用,对零件的外形、结构、尺寸、材料和技术等方面都提出了一定的要求.

工程制图是高等工科院校学生必修的基础课程,既具有系统的理论性,又具有较强的实践性,是培养学生用仪器绘图、徒手绘图和计算机绘图的能力,表达工程设计思想、创造性设计能力的一门学科.图纸在设计和生产中起着重要的作用,任何疏漏和差错都会造成经济上的损失.因此,学习本课程除了要掌握科学的学习方法外,认真负责的学习态度和一丝不苟的学习精神也是不可缺少的.

一张完整的工程图纸应该包括标题栏、一组图形、必要的尺寸和技术要求.图 5-1 所示即为凿岩工具智能制造产教融合基地项目三维装配图、二维装配图和二维零件图图纸样品.

(1) 标题栏.标题栏位于图纸的右下角,标题栏中一般填写零件名称、材料、数量、图样的比例,以及代号、图样的责任人签名和单位名称等.标题栏的方向与图纸的阅读方向应一致.

(2) 一组图形.用以表达零件的结构形状,可以采用视图、剖画法等表达方法表达.

(3) 必要的尺寸.反映零件各部分结构的大小和相互位置关系,满足零件制造和检验的要求.

(4)技术要求.给出零件的表面粗糙度、尺寸公差、形状和位置公差及材料的热处理和表面处理要求等.

(a) 减速箱三维装配图

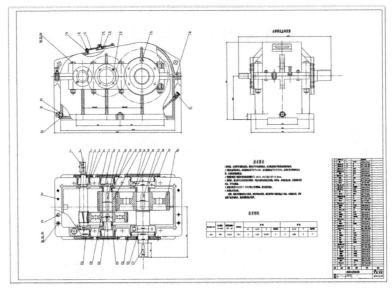

(b) 减速箱二维装配图

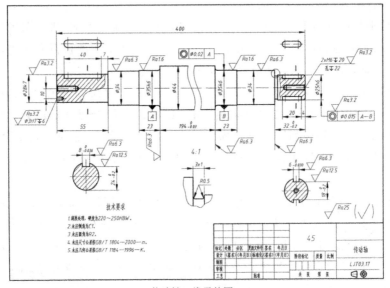

(c) 传动轴二维零件图

图 5-1　图纸样品

二、工程制图基础知识

为了适应生产需要和便于技术交流,对图样的画法、图线、尺寸标注及字体、符号等内容都应该有统一的规定.我国于1959年首次颁布了国家标准《机械制图》.

绘制图样时,应优先选用表 5-1 中规定的图框尺寸(GB/T 14689—2008).必要时,可以选用加长幅面,加长幅面是按基本幅面的短边成整数倍增加后得出的,图纸的幅面尺寸如图 5-2 所示.

表 5-1 图框尺寸 （单位：mm）

幅面代号	A0	A1	A2	A3	A4
$B \times L$	841×1 189	594×841	420×594	297×420	210×297
e	20	20	10	10	10
c	10	10	10	5	5
a	25				

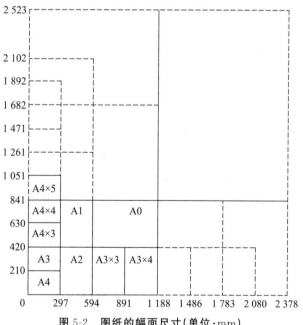

图 5-2 图纸的幅面尺寸(单位:mm)

图框格式(GB/T 14689—2008)分为有装订边和无装订边两种,如图 5-3 所示.用粗实线绘制图框,其周边尺寸 a、c、e 按表 5-1 规定选取.

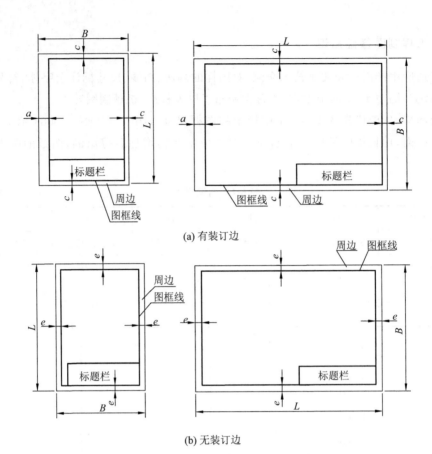

(a) 有装订边

(b) 无装订边

图 5-3　图框格式

为了使图样复制时定位方便,在各边的中点处分别画出粗实线对中符号,如图 5-4 所示.

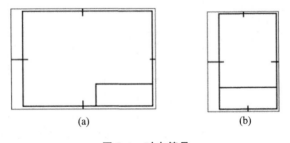

图 5-4　对中符号

标题栏的格式和尺寸在(GB/T 10609.1—2008)中做了规定,位于图样的右下角,每张图样中均应有标题栏.国家标准规定的标题栏格式如图 5-5 所示.常见的标题栏格式如图 5-6 所示.

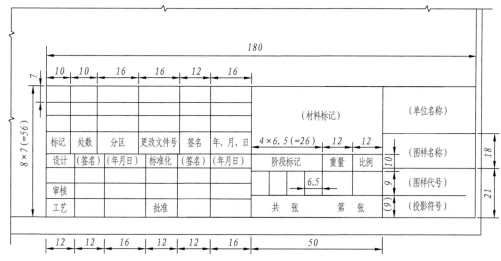

图 5-5　国标规定的标题栏格式

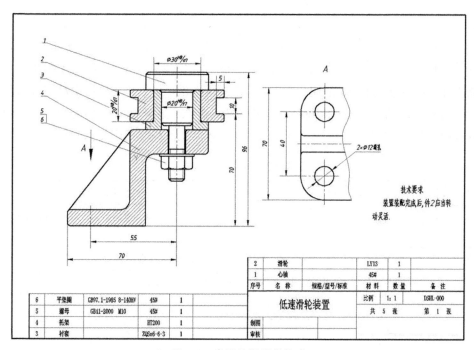

图 5-6　常见的标题栏格式

比例是指图中图形与其实物相应要素的线性尺寸之比,可参照《技术制图 比例》(GB/T 14690—1993).比例分为原值比例、放大比例和缩小比例.为了能从图样上得到实物大小的真实概念,优先采用原值比例绘图.如不宜采用 1∶1 的原值比例,可根据实际情况选择适当的放大比例或缩小比例.绘图时,应优先选用比例系列 1(表 5-2),必要时选用比例系列 2(表 5-3).表中,n 为正整数.不论采用放大比例还是采用缩小比例绘图,图样中标注的尺寸均为机件的实际尺寸.

表 5-2 比例系列 1

种类	比例		
原值比例	1∶1		
放大比例	5∶1 $5\times 10^n\colon 1$	2∶1 $2\times 10^n\colon 1$	$1\times 10^n\colon 1$
缩小比例	1∶2 $1\colon 2\times 10^n$	1∶5 $1\colon 5\times 10^n$	1∶10 $1\colon 1\times 10^n$

表 5-3 比例系列 2

种类	比例				
放大比例	4∶1 $4\times 10^n\colon 1$	2.5∶1 $2.5\times 10^n\colon 1$			
缩小比例	1∶1.5 $1\colon 1.5\times 10^n$	1∶2.5 $1\colon 2.5\times 10^n$	1∶3 $1\colon 3\times 10^n$	1∶4 $1\colon 4\times 10^n$	1∶6 $1\colon 6\times 10^n$

《技术制图 字体》(GB/T 14691—1993)对字体作了如下规定.① 书写字体必须做到:字体工整、笔画清楚、间隔均匀、排列整齐.② 汉字应写成长仿宋体字,并应采用中华人民共和国国务院正式公布推行的《汉字简化方案》中规定的简化字.③ 字母和数字可写成斜体或直体(常用斜体).斜体字字头向右倾斜,与水平基准线成 75°.制图图线的线型可以参照《机械制图 图样画法 图线》(GB/T 4457.4—2002).表 5-4 列出了机械制图常用的线型.

表 5-4 线型及其应用

序号	代码	线型		一般应用举例
1	01.1	细实线	——————	尺寸线、尺寸界线、过渡线、剖面线、指引线和基准线、辅助线等
2		波浪线	∼∼∼∼	断裂处边界线、视图与剖视图的分界线
3		双折线	⌐⌐⌐⌐	断裂处边界线、视图与剖视图的分界线
4	01.2	粗实线	——————	可见轮廓线、剖切符号用线等
5	02.1	细虚线	- - - - -	不可见轮廓线、不可见棱边线
6	02.2	粗虚线	━ ━ ━ ━	允许表面处理的表示线
7	04.1	细点画线	—·—·—	轴线、对称中心线、分度圆(线)、剖切线等
8	04.2	粗点画线	━·━·━	限定范围表示线
9	05.1	细双点画线	—··—··—	相邻辅助零件的轮廓线、可动零件的极限位置的轮廓线、成形前轮廓线、剖切面前的结构轮廓线、轨迹线、中断线等

在标注尺寸时,必须严格遵守国家标准的有关规定,认真细致,一丝不苟,如果尺寸有遗漏或错误,都会给生产带来困难和损失.一个完整的尺寸包括尺寸界线、尺寸线(含箭头或斜线)和尺寸数字三个基本要素.图样中的尺寸默认以 mm 为单位.机件的真实大小应以图样上所注的尺寸数值为依据,与图形的大小及绘图的准确程度无关.

5.2 工程制图三维建模

一、工程制图软件

常用的绘图软件有 AutoCAD、中望 CAD、SOLIDWORKS、Creo、UG、CATIA 等,利用它们可以方便地进行绘制.用软件绘图方法简单、实用,既能满足工程设计要求,也能帮助学生理解画法几何课程中的"从实体到平面,从平面到实体"的概念.绘图软件是工程设计和课程学习的有力工具.下面以 SOLIDWORKS 软件为例进行简要介绍.

启动 SOLIDWORKS 软件的方法有两种:直接双击桌面上的 SOLIDWORKS 软件启动;通过"开始"菜单栏,选择 SOLIDWORKS 软件启动.

启动 SOLIDWORKS 软件后,打开任务窗格对话框,通过这个对话框,用户既可以打开已有文件,也可以新建一个文件.如果单击"新建文件"命令图标 ,系统会弹出"新建 SOLIDWORKS 文件"对话框,如图 5-7 所示,在其中可选择三种不同的文件形式,即"零件""装配体""工程图".

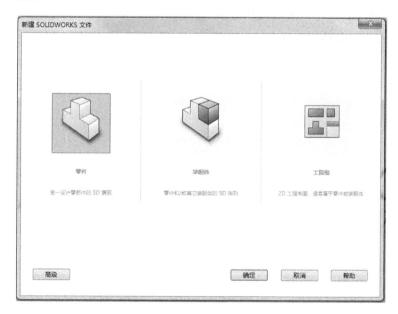

图 5-7 "新建 SOLIDWORKS 文件"对话框

单击"零件"图标,再单击"确定"按钮,或双击"零件"图标,系统进入零件建模环境,如图 5-8 所示,在此环境下可进行三维模型的建模.

图 5-8　零件建模环境

单击"装配体"图标,再单击"确定"按钮,或双击"装配体"图标,系统进入装配体建模环境,如图 5-9 所示,在此环境下可进行三维模型的装配.

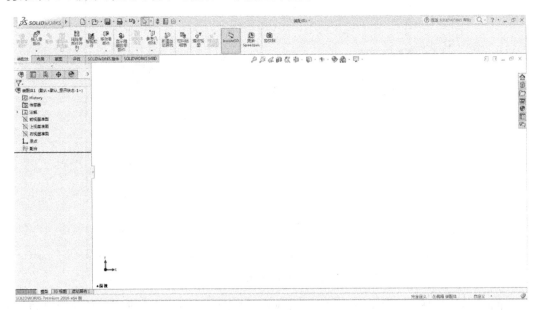

图 5-9　装配体建模环境

单击"工程图"图标,再单击"确定"按钮,或双击"工程图"图标,系统进入工程图绘制环境,如图 5-10 所示,在此环境下可将三维模型或装配体转换成工程图.

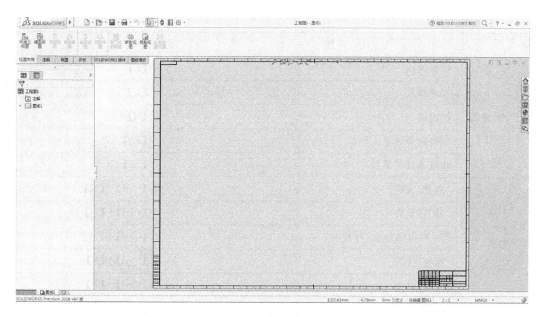

图 5-10 工程图绘制环境

SOLIDWORKS 软件中有许多快捷键,使用快捷键操作可大大提高工作效率.常用的默认快捷键功能见表 5-5.

表 5-5 SOLIDWORKS 软件常用的默认快捷键

功 能			组合键
模型视图	放置模型	水平旋转或竖直旋转	方向键
		水平旋转 90°或竖直旋转 90°	【Shift】+方向键
		顺时针或逆时针旋转	【Alt】+左或右方向键
	平移模型	平移	【Ctrl】+方向键
		放大	【Shift】+【Z】
		缩小	【Z】
		整屏显示全图	【F】
		上一视图	【Ctrl】+【Shift】+【Z】
视图定向		视图定向菜单	空格键
		前视	【Ctrl】+【1】
		后视	【Ctrl】+【2】
		左视	【Ctrl】+【3】
		右视	【Ctrl】+【4】
		上视	【Ctrl】+【5】
		下视	【Ctrl】+【6】
		等轴测	【Ctrl】+【7】

续表

功　能		组合键
选择过滤器	过滤边线	【E】
	过滤顶点	【V】
	过滤面	【X】
	切换选择过滤工具栏	【F5】
	切换选择过滤器	【F6】
"文件"菜单项目	"新建"文件	【Ctrl】+【N】
	"打开"文件	【Ctrl】+【O】
	"从 Web 文件夹"打开	【Ctrl】+【W】
	"保存"文件	【Ctrl】+【S】
	"打印"文件	【Ctrl】+【P】
其他快捷键	在属性管理器或软件对话框中访问在线帮助	【F1】
	在特征管理器中重新命名一个项目(对大部分项目适用)	【F2】
	重建模型	【Ctrl】+【B】
	重建模型及其所有特征	【Ctrl】+【Q】
	重绘屏幕	【Ctrl】+【R】
	在打开的 SOLIDWORKS 文件之间切换	【Ctrl】+【Tab】
	直线到圆弧/圆弧到直线(草图绘制模式)	【A】
	撤销	【Ctrl】+【Z】
	剪切	【Ctrl】+【X】
	复制	【Ctrl】+【C】
	粘贴	【Ctrl】+【V】
	删除	【Delete】
	下一窗口	【Ctrl】+【F6】
	关闭窗口	【Ctrl】+【F4】

　　草图是 3D 模型的基础，SOLIDWORKS 软件提供了直线、圆、矩形、样条曲线等草图实体绘图工具，利用它们可以方便地绘制简单的草图图形.草图工具栏如图 5-11 所示.

　　SOLIDWORKS 软件中草图工具栏上的  工具下拉列表中包含了尺寸标注命令，如图 5-12 所示.单击  命令，选择需标注尺寸的对象，就可以标注出需要的尺寸.

图 5-11　草图工具栏　　　图 5-12　尺寸标注命令

图 5-13 所示是支撑座利用 SOLIDWORKS 软件建模案例.

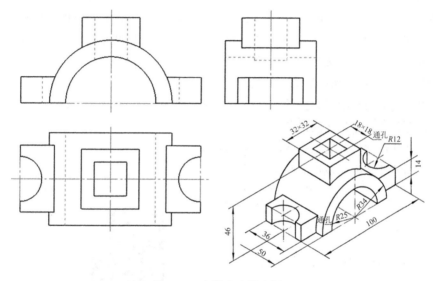

图 5-13　支撑座建模案例

二、用 Toolbox 生成圆锥滚子轴承与装配组件

1. 用 Toolbox 生成圆锥滚子轴承

（1）启动 SOLIDWORKS 软件，依次单击图标 → Toolbox → GB → bearing → 滚动轴承，弹出如图 5-14 所示的标准件库.

（2）右击 圆锥滚子轴承 GB/T 297-1994，选择"生成零件"，设置数据，单击"确定"按钮，生成轴承，如图 5-15 所示.

（3）修改模型的颜色，设置好路径，保存文件，并将文件命名为"轴承".

图 5-14　标准件库　　　　　　　　　图 5-15　圆锥滚子轴承建模结果

2. 装配组件

组件的装配是整机装配的基础。在装配组件时，合理选取装配零件尤为重要。在机械设计中，大多数的设备都不是由单一零件组成的，而是由许多零件装配而成的。图 5-16 所示为凿岩工具智能制造产教融合基地项目。泵体的三维装配件。装配组件的一般步骤如下：

（1）建立一个装配体文件，进入零件装配体模式。
（2）调入一个零件，默认情况下装配体中的第一个零件是固定的。
（3）调入其他与装配体有关的零件模型或下一级子装配体。
（4）分析并建立零件之间的装配关系。
（5）重复其他零件的装配过程，直到完成所有零件的装配。
（6）全部零件装配完成后，保存装配体模型。

(a) 装配体配合类型　　　　(b) 泵体的装配

图 5-16　三维装配体案例

5.3　工程制图二维建模

工程制图实现方式很多，可以用多种软件制图，如可以用三维软件画出二维图，然后再导出二维图纸，也可以直接用二维绘图软件对图样进行绘制。下面以中望 CAD 软件绘制人字齿轮零件图为例进行案例演示。

1. 绘图任务

完成如图 5-17 所示的人字齿轮零件图的绘制。

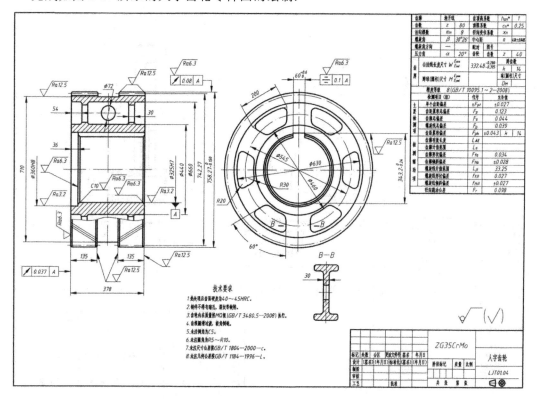

图 5-17 人字齿轮零件图

2. 任务目标

(1) 掌握齿轮类零件的结构特点。

(2) 掌握齿轮类零件的表达方式。

3. 任务分析

从图 5-17 可以看出，这是一个齿轮类零件，最大直径为 φ758.27，外形有阶梯结构，直径为 φ440，圆盘上沿 φ545 圆均匀分布 6 个阶梯孔，圆盘中间有直径为 φ360、φ345 和 φ325 的圆，并有一个凹槽。

4. 任务实施

在中望 CAD 中进行二维草图的绘制，过程如下。

(1) 输入 "L"，启动"直线"命令，绘制两条互相垂直的中心线，如图 5-18 所示。

(2) 输入 "O"，启动"偏移"命令，将垂直中心线向左、右各偏移 189，再将垂直中心线向左右各偏移 54，将水平中心线向上、下各偏移 379.135，再将水平中心线向上、下各偏移 371.135，再将向上偏移 371.135 的直线向下偏移 8，如图 5-19 所示。

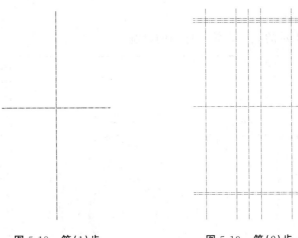

图 5-18　第(1)步　　　　图 5-19　第(2)步

(3) 输入"TR",启动"修剪"命令,剪去多余线段(图 5-20),并将所得线条图层修改为粗实线层.

(4) 输入"O",启动"偏移"命令,将垂直中心线向左偏移 105,再将得到的直线继续向左偏移 30,将水平中心线向上、下各偏移 355,再将水平中心线向上各偏移 220、229.5、320.5、330,如图 5-21 所示.

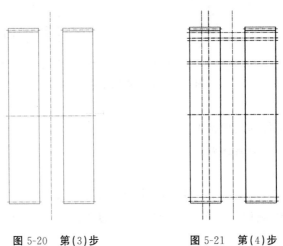

图 5-20　第(3)步　　　　图 5-21　第(4)步

(5) 输入"TR",启动"修剪"命令,剪去多余线段,并将所得线条图层修改为粗实线层,在工具栏中单击"镜像"命令图标,将所得图形关于垂直中心线对称,如图 5-22 所示.

(6) 在工具栏中单击"镜像"命令图标,将最后所得图形关于水平中心线对称,再在工具栏中单击"圆角"命令图标,设置所得图形的圆角类型与尺寸,然后在工具栏中单击"圆"命令图标,在上面的图形的中心位置画一个直径为 φ72 的圆,最后输入"ZX",启动"中心线"命令,单击所得的圆,如图 5-23 所示.

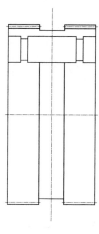
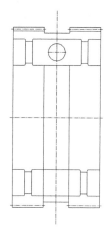

图 5-22　第(5)步　　　　图 5-23　第(6)步

（7）输入"SPH"，启动"样条曲线"命令，在需要局部剖切的位置绘制局部剖波浪线，再输入"TR"，启动"修剪"命令，剪去多余线段，如图 5-24 所示。

（8）输入"CHA"，启动"倒角"命令，按空格键，系统会弹出"倒角设置"对话框，在对话框中设置倒角类型与尺寸后，在工具栏中单击"直线"命令图标，将所得的图形用直线相互连接，然后画三条倾斜的直线，在工具栏中单击"镜像"命令，使之关于垂直中心线对称，如图 5-25 所示。

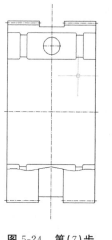
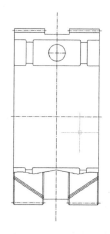

图 5-24　第(7)步　　　　图 5-25　第(8)步

（9）输入"O"，启动"偏移"命令，将垂直中心线向左偏移 153，将水平中心线向上、下各偏移 180，再将水平中心线向上、下各偏移 162.5，如图 5-26 所示。

（10）输入"TR"，启动"修剪"命令，剪去多余线段，并将所得线条图层修改为粗实线层，如图 5-27 所示。

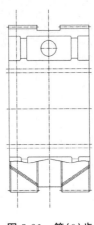
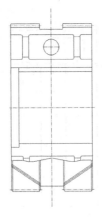

图 5-26 第(9)步   图 5-27 第(10)步

(11) 输入"CHA",启动"倒角"命令,按空格键,系统会弹出"倒角设置"对话框,在对话框中设置倒角类型与尺寸后,在工具栏中单击"直线"命令图标,将所得的图形用直线相互连接,最后在工具栏中单击"图案填充"命令图标,在指定的位置填充图案,如图 5-28 所示.

(12) 输入"L",启动"直线"命令,在已绘制图形旁边绘制十字中心线,水平中心线与主视图中心线应对齐,如图 5-29 所示.

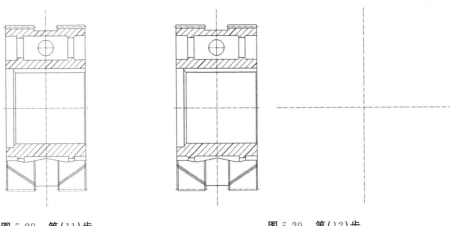

图 5-28 第(11)步   图 5-29 第(12)步

(13) 输入"C",启动"圆"命令,绘制直径分别为 ϕ758.27、ϕ742.27、ϕ660、ϕ630、ϕ545、ϕ460、ϕ440、ϕ360、ϕ345 和 ϕ325 的 10 个圆,并将 ϕ742.27 和 ϕ545 的圆改为中心线图层,如图 5-30 所示.

(14) 输入"O",启动"偏移"命令,将水平中心线向上、下各偏移 100,将垂直中心线向左、右各偏移 30,再输入"L",启动"直线"命令,在 ϕ325 的圆处画一条与它相切的直线,输入"O",启动"偏移"命令,将此直线向上偏移 343.2,如图 5-31 所示.

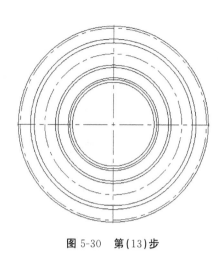
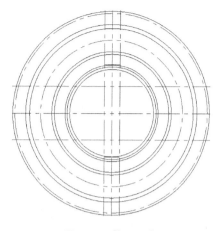

图 5-30　第(13)步　　　　　　　　图 5-31　第(14)步

(15) 输入"L",启动"直线"命令,再输入"A",输入"-30°",使直线与φ460 的圆相交.输入"TR",启动"修剪"命令,剪去多余线段,并将所得线条图层修改为粗实线层,如图 5-32 所示.

(16) 在工具栏中单击"圆角"命令图标,设置所得图形的圆角类型与尺寸,再输入"AR",启动"阵列"命令,输入"T",选择项目,输入"6",如图 5-33 所示.

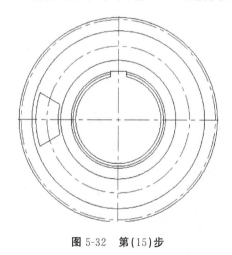
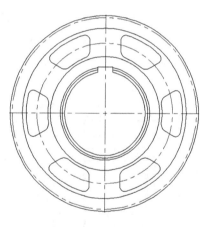

图 5-32　第(15)步　　　　　　　　图 5-33　第(16)步

(17) 输入"TF",启动"图幅"命令,选择适合零件尺寸的图幅,填写标题栏信息,如图 5-34 所示.

(18) 输入"YQ",启动"技术要求"命令,完成零件图技术要求的填写.完成尺寸标注,如图 5-35 所示.

5. 任务小结

齿轮类零件的基本形体一般为回转体或者其他几何形状的扁平盘状体,通常还带有各种形状的凸缘、均匀分布的圆孔等局部结构.

为了表达零件的内部结构,主视图常用全剖表达.除主视图外,为了表达零件上均匀分布的孔、槽、轮辐等结构,还需要选用一个端面视图,其余细小结构采用局部放大图表达.

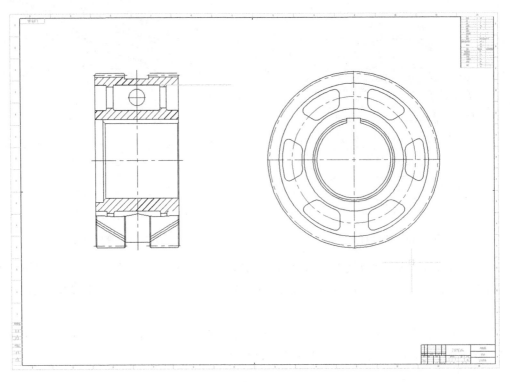

图 5-34　第(17)步

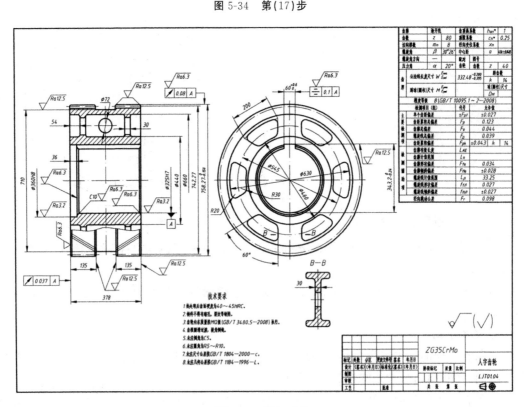

图 5-35　第(18)步

5.4 工程制图实践案例

(1)

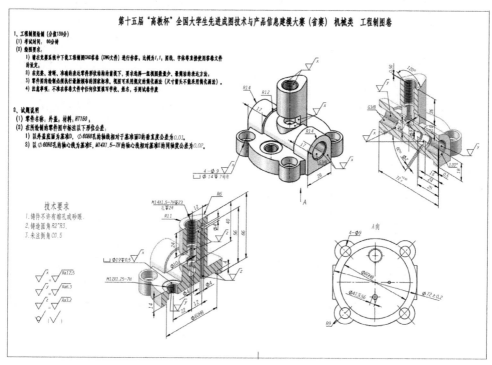

(2)

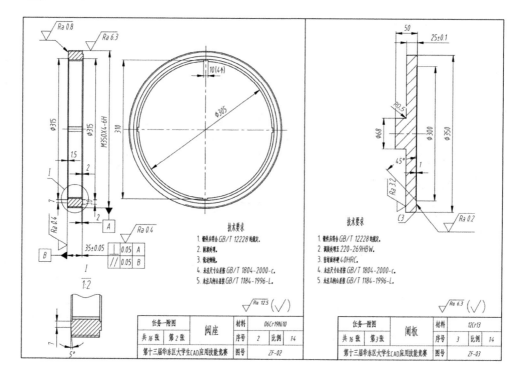

（3）

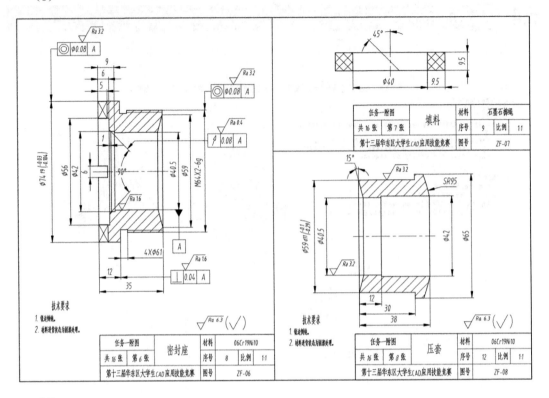

（4）

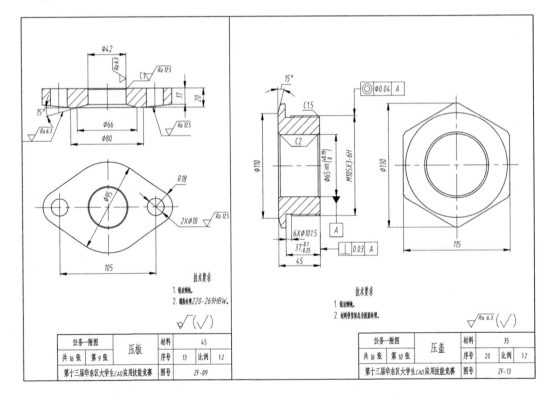

(5)

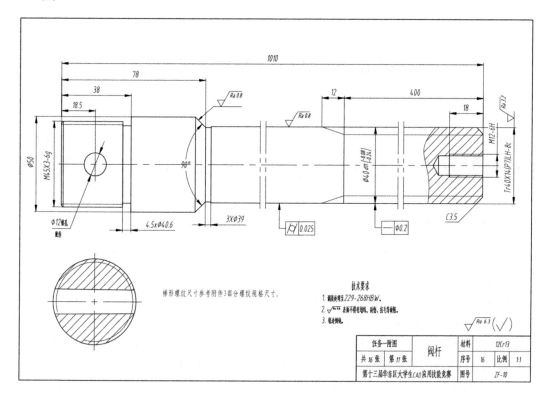

第 6 章 机械设计与制造

6.1 机械设计基础

一、机械设计概论

机械是机器与机构的总称,一般是指能够帮助人们降低工作难度或省力并提高工作效率的工具或装置.

机械工业肩负着为国民经济各个部门提供技术装备的重要任务.机械工业的生产水平是衡量一个国家现代化建设水平的主要标志之一.国家的工业、农业、国防和科学技术的现代化程度都与机械工业的发展程度密切相关.人们之所以要广泛使用机器,是因为机器既能承担人力所不能或不便进行的工作,又能改进产品的质量,还大大提高劳动生产率和改善劳动条件.同时,不论是集中进行的大批量生产还是多品种、小批量生产,都只有使用机器才便于实现产品的标准化、系列化和通用化,实现产品生产的高度机械化、电气化和自动化.因此,大量设计、制造和广泛使用各种先进的机器是促进国民经济发展,加速我国社会主义现代化建设的重要内容.

机械设计作为一门培养学生机械设计能力的技术基础课程,在机械类各专业中具有举足轻重的作用.人类在生产实践和日常生活中,广泛使用着各种机械,如汽车、洗衣机、复印机、缝纫机、起重机、各种机床等.虽然它们种类繁多,但是它们都有共同的特点,即实现能量的转换或者说将能量转化为有用的机械功,以减轻或代替人的劳动,提高劳动生产率和产品质量,创造出更多更好的物质财富.在一台现代化的机器中,常会包含着机械、电气、液压、气动、润滑、冷却、信号、控制、检测等系统的部分或全部,但是机器的主体仍然是它的机械系统.无论分解哪一台机器,它的机械系统总是由一些机构组成的,每个机构又是由许多零件组成的.所以,机器的基本组成要素是机械零件.

在机械设计中会运用到工程力学知识,其中静力学在工程技术中有着广泛的应用,它是机械结构强度分析和设计的基础,掌握力学部分的分析方法是学习后续课程的保障和基石.静力学主要研究物体的受力分析、力系的简化、力系的平衡条件及其应用.研究作用在物体上的各种力系所应满足的平衡条件,并应用这些平衡条件解决实际工程中的平衡问题,这是静力学的核心内容.

二、静力学中的公理

公理是人们在生活和生产实践中长期积累的经验总结,又经过实践反复检验,被确认是符合客观实际的最普遍、最一般的规律.以下为静力学中的公理及其推理.

公理1　力的平行四边形定则

作用在物体上同一点的两个力可以合成为一个合力,合力的大小和方向由这两个力为边构成的平行四边形的对角线确定.求合力时,也可只作力三角形,又称力的三角形定则,即将两个力依次首尾相连构成一不封闭的三角形,合力的大小和方向则由该三角形的封闭边矢量确定.

公理2　二力平衡条件

作用在同一刚体上的两个力,使刚体保持平衡的充分必要条件是:这两个力的大小相等,方向相反,且作用在同一条直线上.

公理3　加减平衡力系原理

在任一原有力系上加上或减去任意的平衡力系,与原有力系对刚体的作用效果等效.

根据上述公理可以导出下列两条推理.

推理1　力的可传性

作用于刚体上某点的力,可以沿着它的作用线移到刚体内任意一点,并不改变该力对刚体的作用效果.对于刚体来说,力的作用点已由作用线所代替.因此,作用于刚体上的力的三要素是力的大小、方向和作用线.

推理2　三力平衡汇交定理

刚体在三个力的作用下平衡,若其中两个力的作用线交于一点,则第三个力的作用线必通过此交点,且三个力位于同一平面内.

公理4　作用和反作用定律

作用力和反作用力总是同时存在,两力的大小相等、方向相反,沿着同一条直线,分别作用在两个相互作用的物体上.作用和反作用定律与二力平衡条件的描述有相同之处,两力均是等值、反向、共线,但区别是,作用力和反作用力作用在相互作用的两个物体上,二力平衡中的二力作用在同一个物体上.

公理5　刚化原理

变形体在某一力系作用下处于平衡,若将此变形体刚化为刚体,其平衡状态保持不变.

这个原理提供了把变形体看作为刚体模型的条件.刚体的平衡条件是变形体平衡的必要条件.在刚体静力学的基础上,考虑变形体的特性,可进一步研究变形体的平衡问题.

静力学的全部理论都可以由上述五个公理推证而得到,这既能保证理论体系的完整性和严密性,又可以培养读者的逻辑思维能力.

在机械零件设计过程中,需要进行受力分析,画出受力分析图.物体的受力分析,是指分析物体受哪些主动力,有哪些约束,约束力的作用点在哪,作用线的方位和指向如何确定等过程.

画物体受力图的步骤如下:

(1) 将研究对象从与其联系的周围物体中分离出来,单独画出其简图,约束不要画出来.

(2) 画出作用于研究对象上的全部主动力.

(3) 根据约束类型,画出作用于研究对象上的全部约束力.

正确地画出物体的受力图,不仅是对物体进行静力分析的关键,而且在动力分析中也很重要.下面举例说明受力图的画法.

三、平面与空间汇交力系平衡

在工程实际中,物体所受各力的作用线不在同一个平面内,而呈现空间任意分布的情况,这种力系被称为空间任意力系,简称空间力系.各力的作用线汇交于一点的空间力系,称为空间汇交力系.同平面汇交力系一样,需要在力于坐标轴上投影的基础之上来研究其合成和平衡问题.

平面汇交力系平衡的充分必要条件为力系的合力等于零,即

$$F_R = \sqrt{\left(\sum F_{ix}\right)^2 + \left(\sum F_{iy}\right)^2} = 0$$

平面汇交力系的平衡方程为

$$\begin{cases} \sum F_{ix} = 0 \\ \sum F_{iy} = 0 \end{cases}$$

即平面汇交力系平衡的充分必要的解析条件为力系中所有各力在两个坐标轴上投影的代数和分别等于零.

将平面汇交力系的合成法则推广到空间就得到:空间汇交力系的合力等于各分力的矢量和,合力的作用线通过汇交点.合力矢量为

$$\boldsymbol{F}_R = \boldsymbol{F}_1 + \boldsymbol{F}_2 + \cdots + \boldsymbol{F}_n = \sum \boldsymbol{F}_i$$

$$\boldsymbol{F}_R = F_{Rx}\boldsymbol{i} + F_{Ry}\boldsymbol{j} + F_{Rz}\boldsymbol{k} = \left(\sum F_{ix}\right)\boldsymbol{i} + \left(\sum F_{iy}\right)\boldsymbol{j} + \left(\sum F_{iz}\right)\boldsymbol{k}$$

其中 F_{Rx}、F_{Ry}、F_{Rz} 是合力 $\boldsymbol{F}_R$ 在三个坐标轴上的投影,并且

$$F_{Rx} = \sum F_{ix}, \quad F_{Ry} = \sum F_{iy}, \quad F_{Rz} = \sum F_{iz}$$

合力在某一轴上的投影等于力系中各力在同一轴上的投影的代数和,这就是空间的合力投影定理.

合力的大小和方向余弦分别为

$$F_R = \sqrt{F_{Rx}^2 + F_{Ry}^2 + F_{Rz}^2} = \sqrt{\left(\sum F_{ix}\right)^2 + \left(\sum F_{iy}\right)^2 + \left(\sum F_{iz}\right)^2}$$

$$\cos\alpha = \frac{\sum F_{ix}}{F_R}, \quad \cos\beta = \frac{\sum F_{iy}}{F_R}, \quad \cos\gamma = \frac{\sum F_{iz}}{F_R}$$

由于一般空间汇交力系可以合成为一个合力,因此空间汇交力系平衡的充分必要条件是力系的合力等于零,即

$$\boldsymbol{F}_R = \boldsymbol{F}_1 + \boldsymbol{F}_2 + \cdots + \boldsymbol{F}_n = \sum \boldsymbol{F}_i = 0$$

空间汇交力系的平衡方程为

$$\begin{cases} F_{Rx} = \sum F_{ix} = 0 \\ F_{Ry} = \sum F_{iy} = 0 \\ F_{Rz} = \sum F_{iz} = 0 \end{cases}$$

空间汇交力系平衡的充分必要条件为该力系中所有各力在三个坐标轴上的投影的代数

和分别等于零.

力对点的矩与力对通过该点的轴的矩之间的关系:力对一点的力矩矢在通过该点的任一轴上的投影等于力对该轴的矩.

$$\begin{cases} [\boldsymbol{M}_O(\boldsymbol{F})]_x = \boldsymbol{M}_x(\boldsymbol{F}) \\ [\boldsymbol{M}_O(\boldsymbol{F})]_y = \boldsymbol{M}_y(\boldsymbol{F}) \\ [\boldsymbol{M}_O(\boldsymbol{F})]_z = \boldsymbol{M}_z(\boldsymbol{F}) \end{cases}$$

空间任意力系平衡的充分必要条件为力系的主矢和对任意点的主矩同时为零.即

$$\begin{cases} \boldsymbol{F}_R = \sum \boldsymbol{F}_i = 0 \\ \boldsymbol{M}_O = \sum \boldsymbol{M}_O(\boldsymbol{F}_i) = 0 \end{cases}$$

空间任意力系平衡的解析条件是:力系中所有各力在三个正交坐标轴上投影的代数和分别等于零,并且各力对于每一个坐标轴力矩的代数和也分别等于零.空间任意力系的平衡方程为

$$\begin{cases} \sum F_{ix} = 0, & \sum F_{iy} = 0, & \sum F_{iz} = 0 \\ \sum M_x(\boldsymbol{F}_i) = 0, & \sum M_y(\boldsymbol{F}_i) = 0, & \sum M_z(\boldsymbol{F}_i) = 0 \end{cases}$$

完成理论力学分析后,还可以对关键零部件进行分析,画出轴力图、扭矩图、剪力图、弯矩图等,进行强度校核.

机电一体化产品及机电一体化动态行为与仿真,在日常生活和工程领域应用非常广泛,机器人就是典型的机电一体化产品.在许多机电一体化产品中,齿轮(系)机构、滚珠丝杠螺母副、导轨等是其重要的组成部分.完成产品设计和三维建模之后,还可以利用 ANSYS Workbench 进行有限元分析和验证,从而缩短产品研发时间,节约生产成本.

6.2 机械加工简介

机械加工是指通过一种机械设备对工件的外形尺寸或性能进行改变的过程.从原材料制成产品的全部过程在生产过程中称为工艺过程.工艺过程又分为铸造、锻造、冲压、焊接、机械加工、装配等.工艺过程是由一个或若干个按顺序排列的工序组成的,一个工序由若干个工步组成.其他过程则称为辅助过程,如运输、保管、动力供应、设备维修等.

机械制造装备是指机械制造过程中使用到的各种机床设备及工装、夹具、刀具等工艺装备.机械装备制造业是为国民经济各部门进行简单再生产和扩大再生产提供生产工具的各制造业的总称.机械装备制造业的发展直接制约着相关产业的经济发展,其技术水平决定着相关产业技术水平和竞争力的高低.在国际竞争日益激烈的今天,没有发达的机械装备制造业就不可能实现生产力的跨越式发展.随着现代机械加工的快速发展,机械加工技术也得到了快速发展,涌现出了许多先进的机械加工技术和设备.本节主要介绍新工科创新设计常用的机械加工设备.

一般地,在机械制造时要遵循如下安全守则:

(1) 保持生产环境整洁.

（2）保持理想的工作环境．切勿使电源暴露在外，被雨淋到，切勿将电源设备置于潮湿地带．

（3）应做好仪器安全接地，避免人体受到电流冲击．

（4）切勿让未成年人或来访者触摸机床（或附属设备），应让他们远离加工制造场所．

（5）使用完工具后，应将工具置于干燥、高处或能加锁的地方．

（6）切勿使机床超载，应使机床在额定载荷下工作．

（7）切勿超功能使用小工具及其附属设备（如切勿用圆锯去切割管脚或原木）．

（8）在车间里切勿穿着宽大衣服或佩戴珠宝，搬运堆放在户外的零件时要戴橡皮手套和穿防滑的鞋子，一定要把长发罩住．

（9）在多灰尘的环境下操作时，操作者在切削过程中应戴上防护眼镜．

（10）正确地连接使用排放灰尘的设备．

（11）不要将电线从导线管中抽出去，要使电线远离灼热、油污和尖锐刀刃地带．

（12）应使用夹具进行安全操作，决不徒手进行．

（13）在工作过程中，工件的尺寸要合乎规范并保持平衡．

（14）要保持刀尖的清洁，使刀尖具有良好的安全使用性能．在更换工具附件及存放工具时都应保持清洁、干燥，并涂上防锈润滑油脂．

（15）当工具如刀片、刀头及附加工具等不在使用期间时，都要把它们从机床上拆卸下，并集中保存好．

（16）在机床开始运转前，拿走调整用的钥匙和扳手，以免发生危险．

（17）为确保安全，手指切勿随便与机床开关接触．

（18）当需要在户外使用机床时，应使用能延伸至户外的电源线．

（19）当操作者感觉疲惫时，切勿开动机器进行操作．

（20）在更深一步使用机床前，对防护板或其他零件，应按规定进行检查和测定，以保持其功能的正常发挥．检查和校准滑动零件的运转情况，若发现损坏，要及时修理或更换．若出现说明书明确规定之外的损坏情况，可告知服务中心进行更换．

（21）用户应该知道机床的合理性能，若发现问题，应请专业维修人员进行维修，这是确保机床精度和安全的必要条件．

（22）使用电动工具前，需要仔细阅读使用说明书，了解基本的安全预防知识．

一、桌面小型车床

（一）桌面小型车床的机械结构与用途

桌面小型车床为桌面台式设计，搬动轻便，床身使用优质铸铁材料铸造，以保证机器加工刚性与精密度．机器坚固稳定耐用，传动齿轮使用金属材质，速度无级可调，有四点式转动刀架，配合特殊配件功能更强大．

这种微型精密车床可用于各类加工工作．如可以用来车削外圆、端面、钻孔、镗孔及车削螺纹，可用于加工精密零件、样品和模型等．主要可加工的材料有钢、铁、铜、铝、PVC塑料等．它可用于机床教学、创客工作室DIY机械加工、高校创新实验室中．

常见的桌面小型车床的产品外形如图6-1所示，主要结构如图6-2所示．其床身由优质生铁铸造,V 型导轨经表面淬火和精密加工处理,从而保证了床身的刚度及导轨的硬度和精度.该车床用直流电机驱动.主轴速度 0~2 500 RPM(Revolutions per Minute)连续可调.进给速度可根据不同工件的要求进行调整.

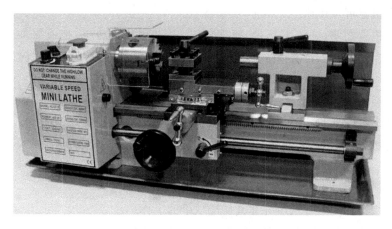

图 6-1　桌面小型车床的外形

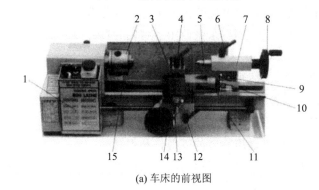

(a) 车床的前视图

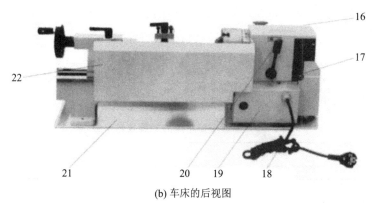

(b) 车床的后视图

1. 控制箱;2. 三爪卡盘;3. 小拖板;4. 刀架;5. 固定顶尖;6. 尾架锁紧手柄;7. 尾架;8. 尾架调整手轮;9. 盖形螺母;10. 手柄;11. 丝杠;12. 自动进给手柄;13. 中拖板手柄;14. 进给手轮;15. 床身;16. 齿轮护罩(端盖);17. 进给方向调节手柄;18. 电源插头线;19. 电机护罩;20. 高/低换速手柄;21. 切屑盘;22. 手防护板.

图 6-2　桌面小型车床主要结构

(二)使用注意事项

(1)操作机器之前,请详细阅读使用说明书.

(2)使用机器时,要戴符合安全规定的防护镜或面罩.

(3)确保机器可靠接地.

(4)操作机器之前,要解下领带,摘下项链、手表和其他珠宝,把衣服袖子卷到肘部以上,脱掉所有宽松的衣服.若操作员头发较长,应戴工作帽,将之束于工作帽内.

(5)机器周围要保持清洁,确保无废弃的原料和油污.

(6)机器运转时,确保机器护罩处于原位.如因维护拆卸护罩,则操作时必须格外小心,并尽快将护罩复位安装好.

(7)切勿过分接近机器.要保持身体平衡,以防止跌倒或倾斜到刀具或其他移动的部件上.

(8)调整或维修机器时,一定要拔下电源插头.

(9)不要用工具或附件从事并非其所应从事的工作.

(10)如果安全标记模糊不清或丢失,一定要及时更换.

(11)机器接通电源前,应确保电源开关处于"关"的位置.

(12)工作时必须全神贯注,不得东张西望、闲聊和打闹,以免造成严重的伤害.

(13)参观者要处于远离工作区的安全位置.

(14)使用推荐的附件,不适当的附件会导致危险.

(15)要养成在开机前检查工具和扳手的习惯,确认工具和扳手已移开方可开机.

(16)如果不了解程序,不要进行操作调整.

(17)机器运转时,手指要远离旋转的零部件和刀具.

(18)皮带护罩要处于原定位置并符合操作规程.

(19)机器运转时,不得更换挂轮.

(20)机器运转时,不得调整或拆卸刀具及其他转动零件,也不允许进行测量工作.

(21)保持刀具锋利.

(22)维修时,一定要采用可互换的零件.

(三)主要技术参数

一款常见的桌面小型车床的主要技术参数如表 6-1 所示.

表 6-1 桌面小型车床的主要技术参数

名 称	参 数
型号	YN0618
最大工件长度/mm	300
床身上最大的旋转直径/mm	180
中拖板上最大的旋转直径/mm	110
主轴孔莫氏锥度	MT3
尾轴孔莫氏锥度	MT2

续表

名　　称	参　　数
三爪卡盘外径/mm	80
主轴通孔直径/mm	20
中拖板行程/mm	65
刀架行程/mm	35
公制螺纹范围/mm	0.5～2.5
英制螺纹范围/T.P.I.（T.P.I 代表 Threads per Inch，即每英寸上的螺纹数量）	12～52 T.P.I
主轴精度/mm	0.01
主轴转速/RPM	2～50 RPM 连续可调
电机功率/W	400
电压/频率/(V/Hz)	230/50 或 120/60
净重/kg	38
外形尺寸/mm	760×305×315

(四) 操作方法

1. 钻孔与深铣削

(1) 换好刀杆与夹头，安装合适并校准，再紧固确认．

(2) 选择合适的速度范围．

(3) 将工件固定并压紧在工作台面上．

(4) 调整 x 轴工作台和 y 轴床鞍的位置．

(5) 松开主轴上下限位块，并进行调整（注意：切勿使刀杆与工件接触）．

(6) 清除机床周围的障碍物，并将刀具调整至可用状态．

(7) 启动主电源，调整主轴速度至钻孔和铣削所需要求．

(8) 参照立柱上的标尺确定钻孔和铣削的深度．

(9) 完工时应切断电源，松开工件，并使主轴处于上方位置．

(10) 擦净机床．

2. 表面铣削

(1) 换装夹头和工具并校准，再紧固确认．

(2) 选择合适的速度范围．

(3) 将工件固定并压紧在工作台面上．

(4) 调整 x 轴工作台和 y 轴床鞍的位置．

(5) 松开立柱上的上下限位块，并调整至所需切削深度，然后固定之．

(6) 将全部工具安放在机床周围正确的位置上．

(7) 转动工作台面 x 轴手轮和床鞍滑板 y 轴手轮，开始铣削．

(8) 完成全部操作工序，切断电源，松开工件，再将主轴返回至原来位置．

(9) 擦净机床．

3. 调整钻铣转速

在进行任何操作之前,必须将主轴调整至合适的转速.应根据不同工件要求,对转速从 0~2 500 RPM 进行调整.在加工大多数工件时,将视其内外径大小和材质软硬来确定主轴速度,通常是快速适应质软和孔小的工件,而慢速适应质硬和孔大的工件.

4. 操作注意事项

为确保操作安全和保养机器,使其处于可使用状态,应注意如下几个方面.

(1) 开机检查.

① 启动电源之前,必须检查夹头和刀具是否已紧固无疑.

② 检查机床每个零件是否存在松动情况.

③ 检查速度标尺,并调整至正确位置.

④ 检查工件是否安装紧固.

⑤ 在操作前应清理和扫除机床周围的障碍物.

(2) 在持续操作过程中的注意事项.

① 操作者禁止饮酒,且精神要高度集中.

② 操作者禁戴破损手套和领带.

③ 操作者应将机器周围的障碍物清除干净.

④ 选择和装插合适的刀具,使其不松动.

⑤ 机床遇到切削深度超深,切削进给量太大,切削速度太快,机床底座固定不牢固,工件没有夹紧牢固等情况,易产生颤动.应避免出现这些情况.

(3) 维护和保养.

① 对每次保养的情况,要做好工作记录.

② 维护保养前应先切断电源.

③ 对个别已超过保养范围的,请通知厂家指派专业人员来处理.

(五) 日常保养

1. 每日应用后的检查

(1) 检查每个运转的零件是否处于润滑状态.

(2) 观察机床上每个固定的零部件是否有安装不正常的情况.

(3) 为使操作者免受伤害,应清除机床周围一切障碍物品,使机床处于可使用状态.

(4) 为避免机床各运转零件生锈,在每天工作结束后,应对机床进行清洁和润滑.

(5) 操作者通常要密切注意机器的使用情况,若出现异常,应立即停机并及时修理.

2. 季节性的保养

(1) 使用清洁、薄且软的棉织物去清洁机器的每个零件.

(2) 进一步检查机床的运转部件及夹具是否光滑和出现松动情况.

(3) 检查机床上的每个螺栓是否松开.

(4) 检查并确保每个电子线路(如接点、测点、导体线、插座和开关等)安全,使其处于正常状态.

(5) 做好正常运行和保养的工作记录.

(6) 在保养和更换机床零件之前,应关闭机床,以免发生危险.

(7) 如发生不正常情况,应及时按规定予以修理和保养.

(8) 如发生超出正常规律性保养范围,可就近通知服务中心工程师修理至可使用状态,以避免深层次的损坏和影响安全.

3. 刀具保养

(1) 在安装和拆下刀具时,可用软布将刀具包好并与刀片分开安放,以免碰伤手指.

(2) 将暂时不用的刀具及刀片存放在木盒或塑料盒内.

(3) 要特别注意刀具转动的方向,若刀片与刀杆不同心或转动方向错误,都会造成刀具碎裂.在转速较大时不易辨别转动方向,可停车减速予以辨认.

(4) 在开动机器前应将刀具和工件(或卡盘装置)调整好,再进行铣削.

(5) 刀片应磨得尖锐,不够锋利的刀片易损坏.

4. 刀杆与夹具的使用要求

(1) 注意保持刀杆的清洁,勿与工件接触.

(2) 习惯上将同一质量的刀具放在一起,这样使用时会更方便些.

(3) 吊杆与钻夹头及其钥匙、扳手均应放在机床附近,以方便使用,切勿使用不适宜的工具.

(4) 敲击时应该使用扳手紧固零件而绝不要用榔头.

(六) 机床润滑

为确保机床精密度处于可使用状态,机床的接触面均应保持润滑.在工具附件中备有一只油壶,在进行操作前,应对机床所有接触面都加注润滑油.机床需润滑部位如图6-3所示.

对机床的下列部位均须加注润滑油:机床底座与床鞍的滑动面、床鞍与工作台面的滑动面、立柱与立柱连接盘的滑动面.

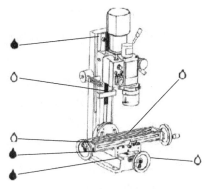

● 润滑油 ○ 润滑脂

图 6-3 机床润滑部位

下列部位要涂以润滑脂:工作台(x轴)进给丝杆、床鞍(y轴)进给丝杆、立柱(z轴)进给丝杆.

工作完毕后,应清洁工作台,并注入少量润滑油,以保护工作台.

(七) 更换刀具

更换刀具的示意图如图6-4所示,更换刀具时需要注意:

(1) 更换刀具前应切断电源.

(2) 拆下防护罩 a.

(3) 将固定吊杆 d 正确地插入主轴套管.

(4) 用 10# 双头扳手 c 按逆时针方向松开主轴吊杆 b.

(5) 用塑料榔头锤击中吊杆,使之与主轴套管松

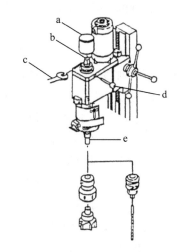

图 6-4 更换刀具涉及部位及其的代号与位置示意图

开,然后取出刀杆 e 或钻夹头.

(6) 将刀具用油布包好,以免损坏机床和伤害手指.

(7) 安装防护罩 a.

备注:为确保安全,在对机床进行调整时,均应切断电源.

(八) 连接和断开操作电源

(1) 为了确保安全,机床上的电源连接、断开及安全接地,都要配以标准的接插件,切勿随意更换其他型号的接插件或将其扳动至其他不合理的位置.

(2) 插入电源插头前要确保电源开关处于"0"位置.

(3) 在更换防护板及机床附件前,应使电源插头与机床电源断开.

连接和断开电源的操作方法如下:

在初始安装后,连接电源前,须完成所有预备工作:将高低范围控制杆调至低位.将电源插头插入插座内.将电机电源开关推向"I",然后松开急停开关(A),以指向红色捏手的顶部为准.通过顺时针旋转"速度可调控制"旋钮,接通机器.当机器接通后会发出嘀的一声,但旋钮旋转一段距离后主轴才会旋转.主轴速度会随着旋钮的旋转而增加.在开始运行的 5 min 里,主轴速度会逐渐增加到最大速度,在机器停止工作之前,应至少以该速度运行 2 min.检查所有部件是否仍然是安全可靠并能正确工作.将控制杆调至高位,重复上述步骤.

注意:不要在机器运行过程中去调整控制杆的位置.

后续,在正常情况下启动机器,只要完成所有预备工作,并确保工作台固定牢固,然后按照前面的描述启动机器.

注意:本机床的电源支持系统有自动超载保护功能.当进给太快或钻铣太深时,系统将会停止运行,黄色指示灯亮,只要关掉速度控制旋钮并重新启动它,系统就会再次工作,黄色指示灯也会自动熄灭.

(九) 塞铁调整

机床在经过较长时间的接触运行后,要使用调整螺钉对立柱与主轴箱两个机件的塞铁进行调整,以消除误差,使其处于可使用状态,维护机床的精度.一般在机床运行一年时间后,机床的接触部件存在一定的磨损,为了维持机床的精度,应进行必要的调整.塞铁调整示意图如图 6-5 所示.

机床下列部位的塞铁需进行调整:机床底座与床鞍滑板的滑动面、床鞍与工作台面的滑动面、立柱与立柱连接盘的滑动面、立柱与主轴箱的滑动面.

注意:当机床不再使用时请将主轴箱放在最高处.

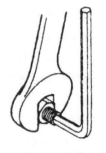

图 6-5 塞铁调整示意图

具体的调整步骤如下:

(1) 松开锁紧螺母.

(2) 通过调整螺钉对塞铁进行调整,如需要,可先松开全部调整螺钉.

(3) 按所需调整每个螺钉,然后紧固已松开的调整螺钉.

(4) 将锁紧螺母锁紧.

(5) 用 3# 内六角扳手调整内六角锥端紧定螺钉.为防止因不平衡而使螺钉转动,在调整至可使用状态时,应紧固锁紧螺母.

(6) 从中间位置,按两边朝里面的方向对螺钉进行调整,以确保状态完好.

二、小型钻铣床

(一) 小型钻铣床的机械结构与用途

小型钻铣床为桌面台式设计,搬动轻便,可铣加工和钻加工,床身使用优质铸铁材料铸造,机床刚性好,机器坚固稳定耐用,传动齿轮使用金属材质,保证传动机械的寿命和加工的强度.它使用220 V电压,速度无级可调,低速时为100～1 100 RPM,高速时为100～2 500 RPM.利用附件还可进行多方面的工作.其产品外形如图6-6所示,主要结构如图6-7所示.

小型钻铣床主要可加工的材料有钢、铁、铜、铝、PVC塑料等.其可用于机床教学、创客工作室DIY机械加工、高校创新实验室、企业手板加工等领域,也可作为维修工具.

图6-6 小型钻铣床的外形

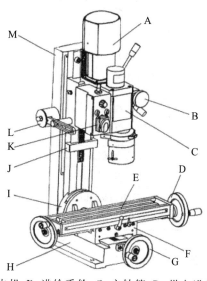

A. 电机;B. 进给手轮;C. 主轴箱;D. 纵向进给手轮;E. 工作台;F. 鞍;G. 横向进给手轮;H. 底座;I. 连接压杆;J. 限位块;K. 控制盒;L. 平衡装置;M. 机身.

图6-7 小型钻铣床的主要结构

(二) 使用注意事项

(1) 根据机床的设计,基本上按小工件的极限尺寸(300 mm×100 mm×180 mm)进行表面和深层的钻孔和铣削.操作者如需进行超出本机床的设计功能要求的操作,务必在操作前征询机床制造厂.

(2) 禁止下列情况发生:① 超越说明书所规定的适用范围进行操作;② 未受过专业训练的人员进行铣操作;③ 未查询制造商或代理商有关安全操作的要求,擅自在超出设计允许的功能范围进行操作;④ 未弄清说明书中的有关安全维护和要求而进行操作.

(3) 机床的特别操作警告:① 正在工作时若不断通断电,务必切断电源,以消除危险;② 在操作时要戴上防护眼镜,以保护眼睛.

(4) 机床吊运要适当.机床的净重是50 kg,应采用较好的吊运方法辅以合适的起吊工具,以适应机床本身的净重;吊运机床时起吊工具的吊运能力应超出机床重量,并经得起吊运,以保护机床和自身的安全.

(三) 主要技术参数

小型钻铣床的主要技术参数如表 6-2 所示.

表 6-2　小型钻铣床的主要技术参数

名　称	参　数
型号	YN9512
最大钻孔直径/mm	30
最大铣削直径/mm	16
最大端面铣削直径/mm	30
主轴箱行程 Z/mm	180
横向行程 X/mm	300
纵向行程 Y/mm	130
回转角度/(°)	$-45 \sim +45$
输出功率/W	550
主轴转速范围/RPM	低速: $0 \sim 1\,100, \pm 10\%$ 高速: $0 \sim 2\,500, \pm 10\%$
主轴孔莫氏锥度	MT3
T 型槽宽度/mm	12
净重/毛重/(kg/kg)	67/87
外形尺寸/mm	$620 \times 620 \times 770$

三、台式钻床

(一) 台式钻床的机械结构与用途

台式钻床简称台钻,是一种体积小巧、操作简便、通常安装在专用工作台上使用的小型孔加工机床.台式钻床钻孔直径一般在 13 mm 以下,最大不超过 16 mm.其主轴变速一般通过改变三角带在塔形带轮上的位置来实现,主轴进给靠手动操作.

台式钻床主要用于中小型零件钻孔、扩孔、绞孔、攻螺纹、刮平面等,在技工车间和机床修配车间使用,与其他同类型机床比较,具有马力小、刚度高、精度高、刚性好、操作方便、易于维护的特点.其产品外形如图 6-8 所示.

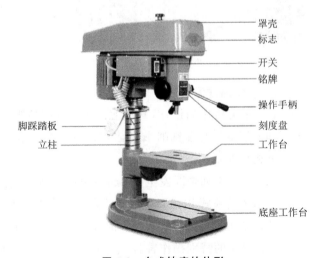

图 6-8　台式钻床的外形

(二)安全操作规程

(1)使用前要检查钻床各部件是否正常.

(2)钻头与工件必须装夹紧固,不能用手握住工件,以免钻头旋转引发伤人事故及设备损坏事故.

(3)须集中精力操作,摇臂和拖板必须锁紧后方可工作,装卸钻头时不可用手锤和其他工具物件敲打,也不可借助主轴上下往返撞击钻头,应用专用钥匙和扳手来装卸,钻夹头不得夹锥形柄钻头.

(4)钻薄板时需加垫木板,当钻头快要钻透工件时,要轻施压力,以免折断钻头、损坏设备或发生意外事故.

(5)钻头在运转时,禁止用棉纱和毛巾擦拭钻床及清除铁屑.工作完毕,必须切断电源,将钻床擦拭干净,堆放好零件,打扫工作场地,认真做好交接班工作.

(三)主要性能参数

台式钻床的主要技术参数如表 6-3 所示.

表 6-3 台式钻床的主要技术参数

名 称	参 数
型号	Z516B
钻孔直径/mm	16
主轴行程/mm	100
工作台尺寸/mm	200×230
主轴行程/mm	100
主轴中心至立柱表面距离/mm	193
主轴锥度	MT3
立柱直径/mm	70
主轴转速范围/RPM	480～4 100
底座尺寸/mm	528×360
电动机功率/W	550(电压为 380 V)
总高/mm	1 037
净重/毛重/(kg/kg)	108/90
包装尺寸/mm	790×440×960

四、3D 打印机

(一)3D 打印机简介

3D 打印机是打印三维立体物体的机器,是一种以数字模型文件为基础,运用线状或粉末状的可黏合材料,通过逐层打印的方式来构造物体的机器.3D 打印机的工作原理是把数据和原料放进 3D 打印机中,机器会按照程序把产品一层层造出来.3D 打印机的外形如图 6-9 所示.

1. 空气滤芯；2. 打印平台；3. 废料盘；4. 前门；5. 触摸屏；6. USB 端口；7. 顶盖；8. 右侧扣手；9. 丝材库；10. 打印机开关；11. 局域网口；12. USB 端口；13. 电源插孔.

图 6-9　3D 打印机的外形

3D 打印带来了世界制造业革命，以前部件设计完全依赖于生产工艺能否实现，而 3D 打印的出现，将会颠覆这一生产思路，这使得企业将来在生产部件的时候不再考虑生产工艺问题，任何复杂形状的设计均可以通过 3D 打印机来实现.

3D 打印无须机械加工或模具，就能直接从计算机图形数据中生成任何形状的物体，从而极大地缩短了产品的生产周期，提高了生产效率.尽管其仍有待完善，但 3D 打印技术市场潜力巨大，势必成为未来制造业的众多突破性技术之一.

3D 打印机的工作流程是：软件通过计算机辅助设计（CAD）完成一系列数字切片，并将这些切片的信息传送到 3D 打印机上，后者会将连续的薄型层面堆叠起来，直到一个固态物体成型.

（二）使用注意事项

（1）3D 打印机应使用原厂电源适配器，否则可能会损坏机器，甚至造成火灾.电源适配器应远离水和高温环境.

（2）打印期间，打印机的喷嘴温度将达到 260 ℃，打印平台温度可达到 100 ℃，请不要在高温状态下裸手接触打印机喷嘴和平台，即使用随机器附带的耐热手套也不行，因为高温可能会损坏手套，从而烫伤手.

（3）打印期间，喷嘴和打印平台将以高速移动，不要在它们移动期间触摸这些部件.

（4）从模型上拆除支撑材料，并将模型从多孔板上移除时，应佩戴护目镜.

（5）使用 ABS 或 PLA 打印时，会产生轻微的味道，请在通风良好的环境下打印.建议将打印机置于温度稳定的环境下，因为不必要的冷却可能对打印质量造成不良影响.

（6）在更换喷头类型后，务必先进行自动对高操作，再开始打印.

（7）儿童必须有成人指导方可打印，且应远离锋利工具.成人应注意及时收好打印的小零件和支撑物，以免造成幼儿窒息！

（8）打印版由非钢化玻璃制成，应轻拿轻放.

（9）在触摸机器之前要消除静电，以防止打印中断和可能对打印机造成损坏.并且保持工作温度为 15～30 ℃，相对湿度为 20%～70%.

（三）主要技术参数

3D 打印机的主要技术参数如表 6-4 所示.

表 6-4 3D 打印机的主要技术参数

名 称	参 数
型号	UP300
成型方式	熔融沉积成型
喷头	单独
支持喷嘴直径/mm	0.2、0.4、0.5、0.6
喷头最高温度/℃	299
喷头最大扫描速度/(mm/s)	200
x、y、z 轴定位精度/micron	7、7、1.5
数据传输方式	USB,Wi-Fi,有线网络与 U 盘
显示屏	4.3 寸彩色触摸屏
成型空间/mm	205×255×225
打印进度/mm	±0.1/100
分层参数/mm	0.05、0.1、0.15、0.2、0.25、0.3、0.35、0.4
平台校准	全自动
平台最高加热温度/℃	100
打印版种类	(预热)多孔片玻璃板;麦拉片玻璃板
外壳	金属全封闭式外壳
空气过滤	HEPA 与活性炭双层过滤
材料种类	UP Fila ABS、ABS+、PLA、TPU 及更多
材料规格/mm	1.75
丝材库容量/g	500~1 000
打印队列	支持
打印换料	支持
材料检测	支持
兼容第三方耗材	支持
机身参数	
机身尺寸/mm	500×523×460
机身净重/kg	30
包装尺寸/mm	610×565×600
包装重量/kg	42.5
电源	
电源	110~240 VAC,50~60 Hz,220 W
USB 供电口	5 V,1 A

续表

名　称	参　数
软件	
切片软件	UP Studio
支持的操作系统	Windows 7 SP1 及以上，Mac OS X，iOS 8.x/9.x
硬件要求	OpenGL 2.0，RAM 至少 4 GB
支持文件格式	.up3、.ups、.tsk、.stl、.obj、.3mf、.ply、.off、.3ds
可预览支撑结构	支持
可编辑支撑结构	支持
云打印参数	支持
运行环境	
运行环境	温度：15～30 ℃．RH：20％～70％［RH（Relative Humidity）指相对湿度，表示空气中的绝对湿度与同温度和同气压下的饱和绝对湿度的比值］

6.3 新产品开发的步骤

随着人们生活水平的提高，消费者对产品的功能、质量、外观和价格提出了新的要求，企业必须不断地推出新产品．新产品主要分为四类：全新产品、换代产品、改进产品和仿制产品．全新产品是指应用新原理、新结构、新技术和新材料制造出的前所未有的产品，它们往往是科技史上的重大突破．换代产品是指采用新技术、新结构或新材料，使产品性能产生阶段性变化的产品．改进产品是指对老产品进行改进后的产品．仿制产品是指模仿市场已有的其他产品而生产的产品．常规新产品的开发一般包括如下几部分．

（1）产品的概念设计．产品的基本特征、技术原理、主要结构形式、主要功能、市场定位、技术规格、主要参数、目标成本及与国内外类似产品的比较等．

（2）产品的方案设计．方案设计主要确定实现概念设计的总体方案，包括机械结构方案、电器控制方案、外形方案等；还包括绘制产品总装图的工作原理草图，给出其主要尺寸，列出产品的特殊配套零部件和外购件的明细表．

（3）产品的技术设计．根据技术任务书，将方案设计中确定的基本结构和主要参数具体化，进一步确定产品结构和技术经济指标内容；通过计算、分析和试验确定重要零部件的结构尺寸和配合，画出机器总图、重要零部件图等；编写部件、附件、通用件等明细表及特殊材料表；编写设计说明书，说明产品结构特点；制定加工、装配及产品验收和交货的技术条件；确定产品的技术经济指标．

（4）产品的生产设计．生产设计是将经过审核和修正的设计具体化为生产用的工作图内容；绘制全套施工图样，准备有关制造和使用所需的技术文件，为企业提供可靠的生产依据．

6.4 工程实践案例1 基于振镜与激光扫描的简谐运动合成演示仪的开发

一、实验背景

我们知道,李萨如图形可以用沙盘或者示波器进行演示,但沙盘无法竖直地向学生展示,示波器是用水平和竖直方向的扫描打在荧光屏上进行展示,不能直观地让学生看到相互垂直的振动及其合成.拍现象也是耳听为虚,未曾谋面.受示波器原理的启发,我们利用相互垂直的振镜和激光束投射来演示李萨如图形,其原理清楚,现象清晰.同时,也可以用两个转轴平行的振镜来演示振动相长、相消和拍现象,由此展开了以下实验.

李萨如图形的产生条件是两个相互垂直的简谐波叠加,振动相长、相消和拍现象相消的条件是两个同方向的简谐波叠加.它们的相同点是都需要简谐波,不同点是两个简谐波的方向.针对李萨如图形,我们设计了 x 轴、y 轴相互垂直的振镜座;针对振动相长、相消和拍现象,我们设计了同方向的振镜座.简谐波的产生部分,我们利用的是振镜电机带动振镜做简谐运动.基于此,我们开发出了一套简谐运动合成演示仪,如图 6-10 所示.

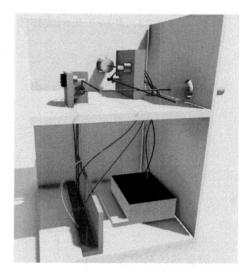

图 6-10 简谐运动合成演示仪示意图

二、实验目的

(1) 通过实验观察振动合成现象,深入理解拍现象和李萨如图形的形成原理.
(2) 通过控制变量法,分解实验,分别观察单一振动的振动规律,并进行定量测量.
(3) 在分别观测两个分振动的基础上,再观测振动的合成,定量验证振动合成所服从的规律.
(4) 通过调整拍现象中的相关参数,观测正常的拍现象,以及在特殊条件下特殊的拍——振动相长和振动相消.

三、简谐运动的合成原理

两个同方向、同频率的简谐波叠加之后,会出现干涉现象.当相位差为 π 的偶数倍时,合振动的振幅最大,出现干涉相长;当相位差为 π 的奇数倍时,合振动的振幅最小,出现干涉相消.波干涉的实质是振动的叠加,因此,两个振动的叠加也会出现干涉现象.

两个相互垂直的简谐波的振动频率成简单的整数比时,它们的合成运动的轨道是一个稳定的、有规则的图形,该图形称为李萨如图形.

当同方向的两个频率相差不大的简谐波叠加时,叠加后的波形的幅值将随时间做强弱的周期性变化,这种现象称为"拍",如图 6-11 所示.

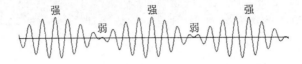

图 6-11 拍现象

两个简谐运动的运动方程如下:

$$x_1 = A_1\cos(\omega_1 t)$$
$$x_2 = A_2\cos(\omega_2 t)$$

当 $A_1 = A_2$ 时,利用三角函数和差化积公式,得到合成振动表达式:

$$x = 2A\cos\left(\frac{\omega_2 - \omega_1}{2}t\right)\cos\left(\frac{\omega_2 + \omega_1}{2}t\right)$$

合运动的波形图如图 6-12 所示.

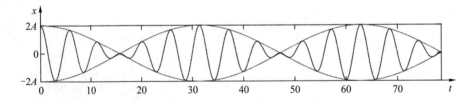

图 6-12 拍现象位移和时间的关系图

合振动的幅值为 $2A$,拍频为

$$\nu = \frac{1}{T} = \frac{\omega_2 - \omega_1}{2\pi} = \nu_2 - \nu_1$$

四、振镜电机的工作原理

双通道信号发生器用来作主控,可提供正弦波信号,正弦波信号的输入参数,如振幅、频率和初相位可调.驱动板电源为两块驱动板提供电能.驱动板负责连接双通道信号发生器和振镜电机,它们是整块系统的核心部分.双通道信号发生器产生的正弦波信号被驱动板所接收,驱动板又对接收到的信号进行相应的处理和转换后,将其信号发送给振镜电机.振镜电机上的控制板根据驱动板送来的信号做出相应的反应,控制振镜电机转轴按一定的规律转动,从而实现振镜镜片做简谐运动并快速偏转.具体工作原理如图 6-13 所示.

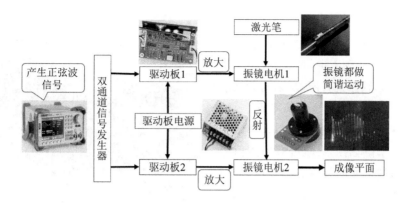

图 6-13 振镜电机的工作原理

五、设计思路

本实验选用紫外线激光笔和光屏,用荧光粉做光屏可以留下紫外线的痕迹.光屏使用自制传送带,并且使用透明油墨让荧光粉均匀涂抹到履带上.自制传送带由步进电机带动转动,使传送带匀速转动,以达到展开时间轴的目的.

搭建振镜电机,调节光路,使激光射到两个镜片并且能够反射到光屏上面,打开双通道信号发生器,分别对两个振镜电机输入不同频率的简谐波.演示振动叠加和拍现象的时候,使传送带处于工作状态,由步进电机的参数算出传送带的速度为 0.125 m/s,进而达到展开拍频时间轴的效果.演示完拍现象之后关闭传送带,再使用双通道信号发生器分别对两个振镜电机输入不同频率的简谐波,调节振镜电机的位置,并且调整光路使其重新到达光屏上面,演示李萨如图形.

六、模型搭建

(一) 振动的相长、相消和拍现象

搭建振动相长、相消光路.两个同方向、同频率的简谐波叠加之后,会出现干涉现象.当相位差为 π 的偶数倍时,合振动的振幅最大,出现干涉相长;当相位差为 π 的奇数倍时,合振动的振幅最小,出现干涉相消.波干涉的实质是振动的叠加,因此,两个振动的叠加也会出现干涉现象.同理,搭建拍现象光路.拍现象的产生需两个同方向的简谐运动叠加,我们将振镜电机一前一后分别固定在同一方向,调整好位置后,将两个振镜水平放置,激光经过两次反射,先射向相对于激光笔稍远一点的振镜,再到达稍近的

图 6-14 振动相长、相消和拍现象的光路搭建

振镜上,最后到达成像平面,两振镜分别绕轴做简谐运动,通过双通道信号发生器控制传送带屏幕上两简谐波的频率,使它们相差不大,即可形成拍现象.具体光路如图 6-14 所示.

(二) 李萨如图形

搭建李萨如图形演示光路.将振镜电机分别固定在 x 轴、y 轴方向,调整好位置后,使激光先射向 x 轴振镜,经过反射再到达 y 轴振镜,又经一次反射到达成像平面,x 轴振镜和 y 轴振镜分别绕轴做简谐运动,两者的合运动形成李萨如图形.通过双通道信号发生器控制两简谐波的频率成整数比,从而形成不同的李萨如图形.若再控制相位差,还能使图形形成多种不同的李萨如图形.光路搭建如图 6-15 所示.

图 6-15 李萨如图形的光路搭建

七、实验装置

实验装置包括双通道信号发生器、振镜电机、驱动板、激光笔、振镜底座、由亚克力板拼接而成的光路盒子、15 V 稳压电源、自制传送带,如图 6-16 所示.

 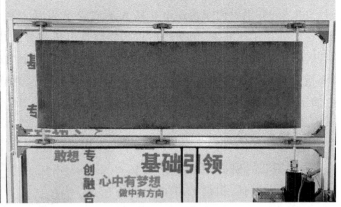

图 6-16 实验装置

八、演示拍现象和李萨如图形

(一) 演示拍现象

(1) 设置两输入正弦波信号的频率为 9 Hz、10 Hz,幅值为 0.6 V,得到的拍现象如图 6-17(a)所示.

(2) 当两输入正弦波信号的频率分别为 19 Hz、20 Hz 时,得到的拍现象如图 6-17(b)所示.

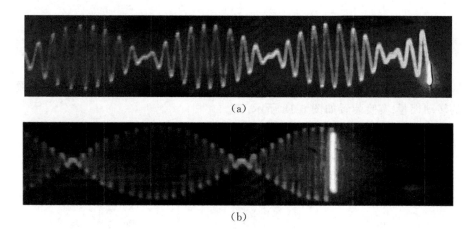

图 6-17 拍现象

由此可知，单个振动的频率越大，所合成的拍频越密集.

（二）演示李萨如图形

给两个振镜输入不同的频率和相位，得到如表 6-5 所示的李萨如图形.

表 6-5 不同频率和相位下的李萨如图形

频率比	相位差				
	0	$\pi/4$	$\pi/2$	$3\pi/4$	π
1∶1					
1∶2					
1∶3					
2∶3					

九、实验意义

（1）一体化设计．本振镜电机装置一体化，既可以演示李萨如图形，又可以演示拍现象．

（2）合成方式创新．与传统的声音拍相比，本实验的创新性在于用相互平行的振镜来演示位移移动的拍现象．

（3）便于人眼观察．传送带上的长余辉荧光粉和透明油墨混合物可使得紫外线留下痕迹，便于人眼观察，使实验演示现象更直观．

（4）便于教学科普．学生更易理解李萨如图形、拍现象及振动相长、相消的形成过程．

6.5 工程实践案例2 圆盘转动惯量和弹簧劲度系数的测量

本实验基于弹簧劲度系数、简谐运动规律及刚体的转动定律,分别测量弹簧的劲度系数和圆盘的转动惯量.实验装置如图 6-18 所示.

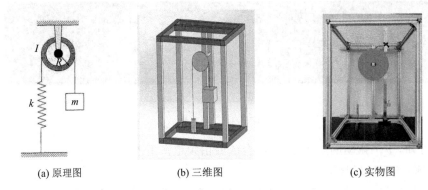

(a) 原理图　　　　(b) 三维图　　　　(c) 实物图

图 6-18　测量圆盘转动惯量和弹簧劲度系数的实验装置图

6.6 工程实践案例3 模型简化和平面汇交力系求解

重 $P=5$ kN 的电动机放在水平梁 AB 的中央,梁的 A 端受固定铰支座的约束,B 端以撑杆 BC 支持,如图 6-19(a)所示.若不计梁与撑杆自重,试求撑杆 BC 所受的力.

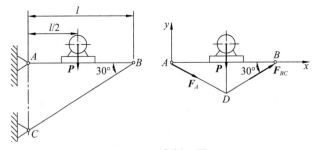

图 6-19　案例 3 图

解:(1)选取研究对象.选取 AB 梁(包括电动机)为研究对象.

(2)画受力图,如图 6-19(b)所示.

(3)列平衡方程.选取图示坐标系,注意到 $\boldsymbol{F}_A$ 与 AB 的夹角也为 30°,建立平衡方程:

$$\begin{cases} \sum F_x = 0, & F_A\cos30° + F_{BC}\cos30° = 0 \\ \sum F_y = 0, & -F_A\sin30° + F_{BC}\sin30° - P = 0 \end{cases}$$

(4)求解未知量.联立上述两平衡方程,解得

$$F_{BC} = -F_A = P = 5 \text{ kN}$$

6.7 工程实践案例4 空间汇交力系求解

三轮车静止于水平面上,它的三个轮子分别为 O_1、O_2、O_3,如图 6-20 所示.已知 D 点是线段 O_1O_2 的中点,$EM \perp O_1O_2$.$O_1O_2 = 1$ m,$O_3D = 1.6$ m,$O_1E = 0.4$ m,$EM = 0.6$ m.在三轮车上的 M 点放置一个重为 $P = 10$ kN 的货物,求地面作用在三轮车三个轮子 O_1、O_2、O_3 上的垂直约束力.

解:(1)研究对象:三轮车.
(2)受力分析图如图 6-20 所示.
(3)列平衡方程:取坐标系 O_1xyz 如图 6-20 所示,O_1x、O_1y 轴位于水平底板面 $O_1O_2O_3$ 上,O_1z 轴重垂向上.建立平衡方程:

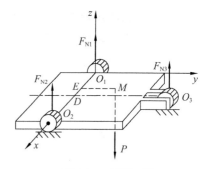

图 6-20 案例 4 图

$$\begin{cases} \sum M_x(\mathbf{F}_i) = 0, \ F_{N3} \times O_3D - P \times EM = 0 \\ \sum M_y(\mathbf{F}_i) = 0, \ P \times O_1E - F_{N2} \times O_1O_2 - F_{N3} \times O_1D = 0 \\ \sum F_{iz} = 0, \ F_{N1} + F_{N2} + F_{N3} - P = 0 \end{cases}$$

联立上面三个方程,解得 $F_{N1} = 4.125$ kN,$F_{N2} = 2.125$ kN,$F_{N3} = 3.75$ kN.

6.8 工程实践案例5 轴力图的画法

如图 6-21 所示的等直杆,在 B、C、D、E 处分别作用有外力 F_4、F_3、F_2、F_1,且 $F_4 = 8$ kN,$F_3 = 15$ kN,$F_2 = 20$ kN,$F_1 = 10$ kN.试画出该杆件的轴力图.

解:首先求出固定端的约束反力为

$$F_A = F_1 - F_2 + F_3 - F_4 = -3 \text{ kN}$$

进而求出各段轴力为

AB 段:$F_{N1} = F_A = -3$ kN
BC 段:$F_{N2} = F_A + F_4 = 5$ kN
CD 段:$F_{N3} = F_1 - F_2 = -10$ kN
DE 段:$F_{N4} = F_1 = 10$ kN

根据计算结果画出轴力图,如图 6-22 所示.

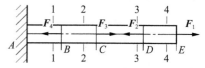

图 6-21 案例 5 图

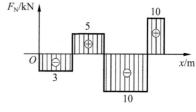

图 6-22 轴力图

6.9 工程实践案例6 杆件变形求解

图 6-23 所示为一个阶梯直轴,已知该轴所受的载荷分别为 $P_1 = 30$ kN,$P_2 = 10$ kN,横截面面积 $A_{AC} = 500$ mm^2,$A_{CD} = 200$ mm^2,弹性模量 $E = 200$ GPa.试求各段杆横截面上的内力和应力,以及杆件的总变形.

解：由题意可求得 A 端的约束反力为

$$F_A = -20 \text{ kN}$$

进而可以求出杆件各段轴力为

AB 段轴力：$F_{AB} = F_A = -20 \text{ kN}$（压力）

BD 段轴力：$F_{BD} = P_2 = 10 \text{ kN}$（拉力）

各段应力分别为

AB 段应力：$\sigma_{AB} = \dfrac{F_{AB}}{A_{AC}} = -40 \text{ MPa}$（压应力）

BC 段应力：$\sigma_{BC} = \dfrac{F_{BD}}{A_{AC}} = 20 \text{ MPa}$（拉应力）

CD 段应力：$\sigma_{CD} = \dfrac{F_{BD}}{A_{CD}} = 50 \text{ MPa}$（拉应力）

由于杆件各段的面积和轴力不同,应分段计算变形,然后求其代数和,即

$$\Delta l = \Delta l_{AB} + \Delta l_{BC} + \Delta l_{CD} = \frac{F_{AB} l_{AB}}{E A_{AC}} + \frac{F_{BD} l_{BC}}{E A_{AC}} + \frac{F_{BD} l_{CD}}{E A_{CD}} = 0.015 \text{ mm}$$

6.10 工程实践案例 7　扭矩图的画法

传动轴的受力情况如图 6-24 所示.已知转速 $n = 300 \text{ r/min}$,主动轮的功率 $P_A = 30 \text{ kW}$,三个从动轮的功率分别为 $P_B = 5 \text{ kW}, P_C = 10 \text{ kW}, P_D = 15 \text{ kW}$.试绘制出该轴的扭矩图.

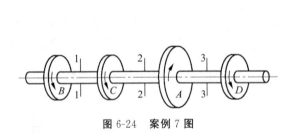

图 6-24　案例 7 图

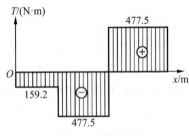

图 6-25　扭矩图

解：首先,计算主动轮和各从动轮的外力偶矩,得

$$M_A = 9\,550 \frac{P_A}{n} = 955 \text{ N·m}, \quad M_B = 9\,550 \frac{P_B}{n} = 159.2 \text{ N·m}$$

$$M_C = 9\,550 \frac{P_C}{n} = 318.3 \text{ N·m}, \quad M_D = 9\,550 \frac{P_D}{n} = 477.5 \text{ N·m}$$

然后,采用截面法分别计算出各轴段的扭矩为

BC 段：$T_1 = -M_B = -159.2 \text{ N·m}$

CA 段：$T_2 = -M_B - M_C = -477.5 \text{ N·m}$

AD 段：$T_3 = M_D = 477.5 \text{ N·m}$

则该传动轴的扭矩图如图 6-25 所示.

6.11 工程实践案例 8 剪力图与弯矩图的画法

简支梁 AB 的受力情况如图 6-26 所示,已知 F、a.试作该梁的剪力图和弯矩图.

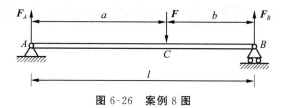

图 6-26 案例 8 图

解:(1) 求约束反力.由题意可得

$$F_A = \frac{Fb}{l}, \quad F_B = \frac{Fa}{l}$$

(2) 列剪力方程和弯矩方程.对于 AC 段,有

$$F_Q(x) = \frac{Fb}{l}(0<x<a), \quad M(x) = \frac{Fb}{l}x(0<x<a)$$

对于 CB 段,有

$$F_Q(x) = -\frac{Fa}{l}(a<x<l), \quad M(x) = \frac{Fb}{l}(l-x)(a<x<l)$$

(3) 画剪力图和弯矩图.根据剪力方程和弯矩方程,分别绘制剪力图和弯矩图,如图 6-27 所示.

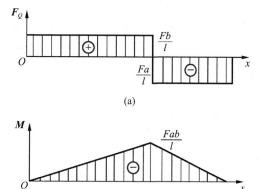

图 6-27 剪刀图和弯矩图

第3篇

电子设计基础知识、嵌入式系统基础及应用案例

第7章 电子设计基础知识

7.1 常用无源器件简介

一件优秀的电子产品必然经历从设计至最终变成实物的过程.常用的电子元器件种类繁多,功能、性能不一.在设计电路前,需要充分认识各元器件的基本特性、主要参数、特点与检测方法.根据应用需求选用恰当的元器件,否则将直接影响其电路的性能、可靠性与成本.

由于篇幅有限,本节仅介绍常用电子元器件相关基本理论、特性参数、规格参数、质量参数、种类和功能.这里所提及的信息仅供参考,在正式使用前请务必查阅厂商数据手册.数据手册可以通过生产商网站获取,也可以通过专门的数据手册收录网站或搜索引擎查找.

一、电子元器件的参数

电子元器件的主要参数包括特性参数、规格参数和质量参数等.特性参数用于描述电子元器件在电路中的电气功能;规格参数用来度量电子元器件的特性参数的数量,包括标称值、额定值和允许偏差值等;质量参数用来描述电子元器件的质量水平,通常描述元器件的特性参数、规格参数随环境因素变化的规律,或者划定它们不能完成功能的边界条件.

1. 特性参数

特性参数用于描述电子元器件在电路中的电气功能,通常可用该元器件的名称来表示,如电阻特性、电容特性或二极管特性等.一般用伏安特性,即元器件两端所加的电压与通过其中的电流的关系来表达该元器件的特性参数.

2. 规格参数

(1) 标称值.

为了更高效地生产和使用标准元器件,国际电工委员会(IEC)规定标称值为系列化规格的元器件参数.其数值 $a_n = (\sqrt[E]{10})^n$, $n = 0, 1, 2, \cdots, E-1$, E 表示指数间隔.

标准化的元器件的主要参数一般按照 E6、E12、E24、E48、E96、E116、E192 系列规范分

度，即 E 取值 6、12、24、48、96、116、192.

E6 系列有 6 个规范化的标称值.将 $E=6$ 代入上式并保留一位小数,即可求得这 6 个标称值分别为 1、1.5、2.2、3.3、4.7、6.8.将这些标称值乘以 10 的倍数,即可得到实际器件的参数,即 $a_n \times 10^m$, m 为整数.E24 系列的 24 个标称值包含 E12 和 E6 系列的所有标称值,是较为常用的标准系列.E6、E12、E24 系列标称值如表 7-1 所示.

表 7-1　E6、E12、E24 系列标称值

系列	标称值											
E6	1.0		1.5		2.2		3.3		4.7		6.8	
E12	1.0	1.2	1.5	1.8	2.2	2.7	3.3	3.9	4.7	5.6	6.8	8.2
E24	1.0	1.2	1.5	1.8	2.2	2.7	3.3	3.9	4.7	5.6	6.8	8.2
	1.1	1.3	1.6	2.0	2.4	3.0	3.6	4.3	5.1	6.2	7.5	9.1

（2）允许偏差.

允许偏差就是在规定的标准化情况下允许出现的误差,即实际值偏离标称值的百分比,有正负之分.由于受工艺和测量精度的影响,实际元器件的参数和标称值不完全一致,具有一定的离散性.为了便于生产和使用,可以使用允许偏差来划分元器件的精度等级.

例如,电阻的允许偏差可用下式计算：

$$\delta = \frac{R - R_n}{R_n} \times 100\%$$

式中,δ 表示允许偏差,R 表示实际阻值,R_n 表示标称阻值.

3. 质量参数

（1）温度系数.

以电阻为例,当电阻处于不同的温度时其阻值会发生变化.电阻的温度系数是指在某一环境温度范围内,温度每改变 1 ℃时电阻值的相对变化量,一般用 ppm/℃ 表示（1 ppm＝0.000 1%）.正温度系数的电阻阻值随着温度升高而增大,负温度系数的电阻阻值则与之相反.在设计电路时要根据实际应用场景选用温度系数合适的电阻.

当电路所处环境温度变化较大时,应选用温度系数较小的电子元器件.还有一些热敏元器件是利用特殊材料对温度特别敏感的特性制成的.这些元器件的温度系数比较大,且较为稳定.在工作范围内,可以视为常数,如热敏电阻、铜电阻、铂电阻等.

（2）机械强度.

电子元器件的机械强度是重要的质量参数之一.电子元器件被装入电子设备,便会同设备一起经受使用环境的考验.若设备内电子元器件的机械强度不高,当受振动或冲击作用时就会发生断裂,使电子设备无法正常工作.

因此,在设计整机电子产品时,应根据设备的使用环境条件去选择元器件.在恶劣条件下使用的电子设备,应选用机械强度高的元器件.

二、电阻

电阻表示导体对电流阻碍作用的大小.导体的电阻越大,表示其对电流的阻碍作用越大.

利用这种阻碍作用制成的实体电子元器件称为电阻器,简称电阻,这与物理量电阻同名,在使用时需要根据上下文内容区分其含义.

定值电阻是指阻值基本固定的电阻,其电路符号如图 7-1 所示.欧标(德标 DIN)和美标(ANSI)是世界范围内使用最为广泛的两种标准,两者之间的电阻符号有着显著的差别.目前国内使用的电阻符号与欧标较为相似,如图 7-1(a)所示;美国、日本使用如图 7-1(b)所示的电阻符号.

图 7-1 电阻电路符号

1. 电阻的相关基本理论

(1) 欧姆定律.

1826 年,德国物理学家欧姆通过实验发现通过某一材料的电流与施加在其两端的电压成正比,并将电阻定义为上述两者之比,即欧姆定律

$$R = \frac{U}{I}$$

式中,R 为材料的电阻,单位为欧[姆](Ω);U 为施加在材料两端的电压,单位为伏[特](V);I 为通过材料的电流,单位为安[培](A).

欧姆定律仅是基于实验的结论,使用其推出的材料电阻为常数,我们可以用电阻来区分材料的导电能力.通常将电阻较小的材料称为导体,将电阻较大的材料称为绝缘体.

此外,还有许多材料的导电能力不能使用欧姆定律表示,比如,给某硅二极管施加正电压,当电压值较小时,电流极小;当电压超过 0.6 V 时,电流开始按指数规律增大;当电压达到约 0.7 V 时,电流趋于无穷大.

(2) 电阻的功率.

从能量的角度看,电阻工作时消耗电能,在阻碍电流的同时将电能转化为热能.其功率计算公式为

$$P = IU = \frac{U^2}{R} = I^2 R$$

式中,R 为电阻,U 为电阻两端的电压,I 为流经电阻的电流.理想电阻的电压、电流、电阻与功率之间的关系如图 7-2 所示.

(3) 电阻的串联.

串联是连接电路元器件的基本方式之一,即将电路元器件逐个顺次首尾相连接.将各元器件串联起来组成的电路叫串联电路.串联电路中通过各元器件的电流都相等.当多电阻串联时,电路的等效电阻为各个电阻的阻值之和.

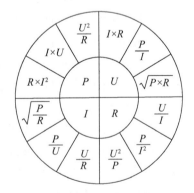

图 7-2 理想电阻的电压、电流、电阻与功率之间的关系

(4) 电阻的并联.

并联也是连接电路元器件的基本方式之一,即将电路元器件首首相接,同时尾尾相连.并联电路中各元器件的电压相等.当多个电阻并联时,电路的等效电导(电阻的倒数)为各个电阻的电导之和,即

$$\frac{1}{R}=\frac{1}{R_1}+\frac{1}{R_2}+\frac{1}{R_3}+\cdots+\frac{1}{R_n}$$

(5) 实际电阻的高频模型.

在高频场合中使用电阻时,必须考虑电阻固有电感和固有电容的影响.此时电阻的等效电路相当于一个直流电阻与分布电感串联,然后再与分布电容并联,如图 7-3 所示.

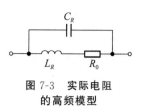

图 7-3 实际电阻的高频模型

2. 电阻的规格参数

(1) 标称阻值.

在设计和选用电阻时,一般优先使用 E24 系列的电阻.若待选用的电阻理论值与 E24 系列的标称值差距过大,则考虑使用 E48、E96 等系列的电阻.

(2) 允许偏差.

不同系列标称值的电阻有着不同的精度,各系列电阻的允许偏差如表 7-2 所示.

表 7-2 各系列电阻的允许偏差

系列	允许偏差	用途
E6	±20%	低精度电阻
E12	±10%	低精度电阻
E24	±5%	普通精度电阻
E48	±1%、±2%	半精密电阻
E96	±0.5%、±1%	精密电阻
E116	±0.1%、±0.2%、±0.5%	高精密电阻
E192	±0.1%、±0.25%、±0.5%	超高精密电阻

高精密、非标电阻一般价格不菲,在设计和选用时不宜盲目追求使用高精密电阻.特殊情况下,除了选用更高规格的电阻外,还可以采用串并联电阻、选用可变电阻等方式得到与理论值相近的阻值.

(3) 额定功率.

额定功率即在规定的环境温度(一般为 25 ℃)和湿度内,假定周围空气不流通,在电阻长期连续工作并且不损坏的情况下,电阻上允许消耗的最大功率.常见的额定功率主要有 1/16 W、1/8 W、1/4 W、1/2 W、1 W、2 W 等.

在使用电阻时,当环境温度升高时须降低工作功率,即降额使用.图 7-4 为厂商给出的某型号电阻的降额曲线,当环境温度大于 85 ℃后

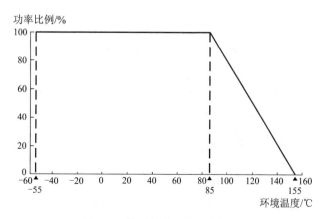

图 7-4 某型号电阻的降额曲线

需要降低功率使用.

为保证安全使用,一般选用的电阻的额定功率为设计功率的 1.5~2 倍.若实际功率超过额定功率,电阻会剧烈发热甚至起火燃烧.安装在电路板上电阻的额定功率一般需要控制在 5 W 以内,且安装时应与电路板保持一定的距离,否则容易引起电路板过热而损坏.

材料相同的电阻,额定功率越大,体积越大,占用电路板的面积越大,价格也越高.故在设计和选用时,应尽量避免选择额定功率过大的电阻.电阻的工作环境和封装形式也会影响额定功率,在电阻材料相同的情况下,厂商通常采用水泥封装、散热片和风扇散热等方式来增加额定功率.

(4) 最大工作电压.

最大工作电压即电阻在规定的环境温度(一般为 25 ℃)和湿度内,假定周围空气不流通,电阻可以长期最大连续承受并且不损坏的电压.若超过规定的最大工作电压值,电阻内部可能会产生火花,严重时导致热损坏或电击穿.

在设计和选用时,电阻的实际电压不应超过最大工作电压,否则即使在使用时电阻没有超过额定功率,也会由于电阻内部绝缘失效而导致电阻被击穿损坏.

(5) 额定电压.

电阻的额定电压可由公式 $U=\sqrt{P \times R}$ 计算,式中 U 为电阻两端的电压,P 为电阻的额定功率,R 为电阻.

3. 电阻的种类

电阻的种类较多,其形态、特点、价格差异较大,分别适用于不同的电路场合.按照材料可以分为碳质电阻、碳膜电阻、金属膜电阻、金属氧化膜电阻、陶瓷电阻和线绕电阻等.根据用途和特性主要分为固定电阻、可变电阻和敏感电阻等.

(1) 碳质电阻.

碳质电阻是一种历史悠久的电阻.它由碳粉墨、粉末陶瓷或其他耐热材料、绝缘材料和黏合剂的混合物组成.不同的材料混合比例可以制出不同阻值的电阻.一开始人们使用金属线将混合粉末缠绕成圆柱体,在表面刷上不同颜色的油漆以示阻值,后来人们将混合粉末装入圆柱形外壳并在两端引出金属引脚.碳质电阻的外形与结构如图 7-5 所示.

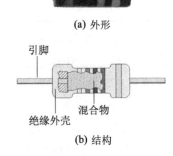

图 7-5 碳质电阻的外形与结构

碳质电阻成本低廉,在 20 世纪 60 年代被大量使用.但碳质电阻的体积较大,误差也较大,且易燃,当发生故障时还会燃烧.因此,碳质电阻慢慢地被新形式的电阻代替.而它独具特色的圆柱体和色环的样式却得到了继承和保留.

值得一提的是,碳质电阻结构特殊,可以承受瞬时高压和静电,因此仍有一些场合在使用.

(2) 碳膜电阻.

碳膜电阻同样是以碳为材料制成的电阻,与碳质电阻不同的是,碳膜电阻由碳薄膜制成.相较于碳质电阻,碳膜电阻抗冲击的能力较弱,不过较碳质电阻更加精准、稳定和小型化.

碳膜电阻内部有一陶瓷轴心,通过特定密度的碳膜缠绕,可制成特定的阻值.碳膜电阻的外形与结构如图7-6所示.

碳膜电阻一般为草绿色或土黄色,采用4色环进行参数标注,其中误差环常为金色、银色或本色,分别表示误差为±5%、±10%和±20%.

碳膜电阻价格低廉、稳定性好,在廉价电子产品中被广泛使用.但与下面介绍的金属膜电阻相比,体积较大、噪声大、精度低、温度系数高,不适用于高频与高精度电路.

由于使用易燃的碳作为电阻材料,在发生故障时,碳膜电阻会发生燃烧,在设计和选用时应严格选用额定功率符合要求的碳膜电阻.

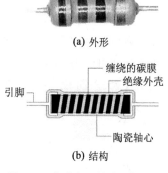

图 7-6 碳膜电阻的外形与结构

(3) 金属膜电阻.

金属膜电阻通过在空心陶瓷体表面沉积一层合金膜制成,将金属膜修剪加工成不同的形状来获得不同的电阻值.

金属膜电阻一般为蓝色或蓝绿色,大多采用5色环标注参数.

作为碳膜电阻的替代品,金属膜电阻通常制成通孔直插的形式.金属膜电阻在精度、稳定性、噪声和温度系数上都明显优于碳膜电阻,但耐压值通常不高,可使用这种技术制造E192系列的电阻.金属膜电阻价格低廉,在满足条件时可优先考虑选用.

(4) 金属氧化膜电阻.

金属氧化膜电阻也是一种薄膜式电阻,其电阻材料是金属氧化物.从本质上讲,金属氧化物是金属与氧气燃烧后的产物,这类材料十分耐高温,故其可以在比碳膜电阻和金属膜电阻高得多的温度下工作,并且具有较好的脉冲负载处理特性.金属氧化膜电阻的精度与碳膜电阻相当,但温度系数较低.

(5) 陶瓷电阻.

陶瓷电阻是由陶瓷或陶瓷复合材料制成的电阻,其结构与碳质电阻类似.陶瓷电阻使用金属、金属氧化物或其他更为稳定的导电材质作为复合材料,并烧制成陶瓷的形式.

陶瓷电阻的机械强度很高,性质极其稳定,可以工作在更高的温度下,通常用在功率较大的场合.

(6) 线绕电阻.

线绕电阻由合金金属丝在绝缘骨架上绕制而成,一般在其外侧涂有耐热的绝缘漆.电阻丝绕制的匝数越多,其长度就越长,电阻值也就越大.

线绕电阻的温度系数低、精度高、稳定性好,主要作为精密大功率电阻使用.线绕电阻的制作工艺与电感相似,这导致其分布电感和分布电容较大,一般不用于高频场合.

4. 标注方法

定值电阻的标称值通常通过印刷、喷涂、激光雕刻等方式将符号或者记号直接标注在元器件的表面.由于电阻的种类繁多,形状和封装的差异比较大,电阻的参数有很多种标注方式,如直标法、数码法和色标法等多种标注方法.

(1) 直标法.

直标法是使用阿拉伯数字和单位符号在电阻上直接标出其标称值与允许偏差.例如,4k7±5%,即表示其标称阻值为4.7 kΩ,允许偏差为±5%.一般在体积比较大、表面较为平整的电阻上采用这种标注方式,如图7-7(a)所示.

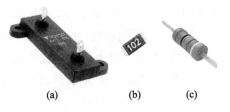

图 7-7　常见电阻的标注方法

(2) 数码法.

一般用三位或四位数字表示电阻大小.以三位数字为例,第一、第二位为有效数字,第三位表示倍乘数,即"0"的个数.如"102"表示 $10 \times 10^2 = 1\,000(\Omega)$.表面安装型的电阻常采用这种标注方式,如图7-7(b)所示.

(3) 色标法.

色标法与数码法类似,只不过数字用色环表示.色标法采用不同颜色的色环或点,在元器件上标出标称阻值与允许偏差,色环的每一种颜色代表一个数字.小型圆柱形的电阻通常采用色标法进行标注,如图7-7(c)所示.

常见的色环电阻有四色环、五色环、六色环三种.图7-8给出了几种色环电阻的示意图,表7-3给出了色环颜色所代表的含义.

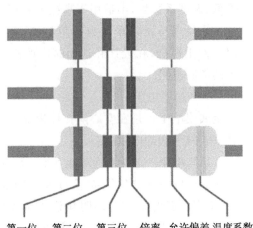

图 7-8　色环电阻的示意图

表 7-3　色环颜色的含义

色环颜色	有效数字	倍率	允许偏差/%	温度系数/ppm/℃
黑	0	10^0	—	—
棕	1	10^1	±1	±100
红	2	10^2	±2	±50
橙	3	10^3	—	±15
黄	4	10^4	—	±25
绿	5	10^5	±0.5	±20
蓝	6	10^6	±0.25	±10
紫	7	10^7	±0.1	±5
灰	8	—	±0.05	±1
白	9	—	—	—
金	—	10^{-1}	±5	—
银	—	10^{-2}	±10	—
本色(无色)	—	—	±20	—

四色环的电阻,第一、第二色环表示阻值的第一、第二位有效数,第三色环代表倍率,第四色环表示阻值的允许偏差.

五色环的电阻,第一、第二、第三色环表示阻值的第一、第二、第三位有效数字,第四色环代表倍率,第五色环表示阻值的允许偏差.

例如,一个四色环电阻第一至第四色环的颜色依次为棕、绿、棕、金,则该电阻器的阻值为 150 Ω,允许偏差为±5%.

5. 功能

(1) 调节电压.

在电子电路中常采用串联电阻的方法来调节电压.将两个电阻串联后接到电源上就构成一个最简单的电阻分压电路,调节两个电阻的阻值就能获得不同的电压.图 7-9 输出电压为

$$U_{out}=\frac{R_2}{R_1+R_2}\times U_{in}$$

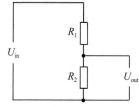

图 7-9 由双电阻组成的电压调节电路

(2) 限制电流.

电阻还能用来限制支路的电流.如图 7-10 所示,电路中的电阻限制了流经发光二极管的电流,若电阻阻值为 0,流经发光二极管的电流在理想情况下会趋于无穷大,巨大的电流会导致发光二极管剧烈发热,从而使发光二极管损坏.选用阻值合适的电阻,即可将电流限制在合理的范围内.

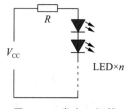

图 7-10 发光二极管限流电路

(3) 加热.

额定功率较高的电阻也常作为发热元器件,起到加热作用.电阻可以较为直接地将电能转化为热能,然后通过热传导、热对流和热辐射等方式加热目标物体.加热电阻的外形如图 7-11 所示.

图 7-11 加热电阻的外形

三、可变电阻器

可变电阻器分为变阻器、电位器和微调器,其本质都是相同的元器件,它们都可以通过滑动或者旋转机械装置改变电阻器的阻值大小,从而调节电路中的电压、电流,以满足不同场合的需要.上述几类可变电阻器一般不做特殊区分,可以统称为可变电阻.可变电阻早期也被称为音量控制器,用于调节收音机、电视机等设备的音量大小.

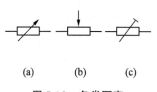

图 7-12 各类可变电阻的符号

1. 可变电阻的种类

(1) 二端口的可变电阻一般称为变阻器,这种电阻上设有滑动触点,电阻的阻值可以通过器件上的旋钮改变,其符号如图 7-12(a)所示.

(2) 三端口的可变电阻一般称为电位器,这种电阻的其中两个端口为定值电阻,另一个端口是在该定值电阻上滑动的抽头电刷,其符号如图 7-12(b)所示.电位器被抽头电刷分为两个电阻,改变电刷的位置即可同时改变两个电阻的阻值,从而改变分得的电压.电位器通

常作为可变电压调节器使用.

根据旋转角的不同,可变电阻可以分为单圈电位器和多圈电位器.单圈电位器指旋钮调节角度小于或等于360°的电位器(典型值为270°),多圈电位器指旋钮调节角度大于360°的电位器(典型值为10圈).相较而言,多圈电位器更为精准.

(3) 微调器本质上也为变阻器.这种电阻被设计成不便随意调整,一般需要使用专用工具才能进行调整,主要用于设备出厂前的调校,其符号如图7-12(c)所示.

2. 可变电阻的主要规格参数

可变电阻的主要规格参数有标称值、允许偏差、额定功率、最大工作电压、额定工作电压、电阻分布特性等,其中部分参数与定值电阻一致,相同部分此处不再赘述.

(1) 标称值.

可变电阻的标称值为可变电阻可以调节到的最大阻值.常见的电位器系列有E6系列,包括1、1.5、2.2、3.3、4.7、6.8;5的倍数系列,包括1、2、2.5、5等.

(2) 允许偏差.

一般线绕电位器的允许偏差有±1%、±2%、±5%及±10%四种,而非线绕电位器的允许偏差有±5%、±10%及±20%三种.

(3) 电阻分布特性.

可变电阻的电阻分布特性即可变电阻阻值变化的规律,又称输出特性,具体可用输出特性的函数关系来区分.主要分为线性型和非线性型两大类,非线性型还可分为指数型和对数型(图7-13).此外,还有特殊函数型.

线性型可变电阻的电刷位置与电阻值之间呈线性关系,其内部的电阻值变化率处处相等.

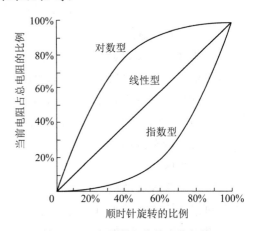

图 7-13　电位器阻值的变化规律

线性型可变电阻的应用最为广泛,主要用于分压、线性控制等要求电压均匀变化的场合.例如,线性可变电阻的电刷位置移动50%,其电阻值变化50%.

指数型可变电阻的变化是非线性的,即先缓慢增大,再迅速增大.这恰好和人耳对声音大小的主观感受一致,故指数型可变电阻常作为音量调节旋钮使用在音量调节电路中,顺时针旋转指数型可变电阻时音量增大,反之减小.

对数型可变电阻的变化也是非线性的,其本质与指数型可变电阻一致,变化规律与之相反.目前,对数型可变电阻仅在一些特殊场合使用,如音调调节电路中各频段增益的调节.

四、电容器

电容器简称电容,顾名思义,电容即为储存电荷的器件.在电路中用字母 C 表示.在相对放置的两块极板中填入绝缘物质,并加上电压,两极板间便可储存一定量的电荷.从能量角度看,电容以电场的形式储存电能.

电容对直流电流具有隔断作用,对交流电流具有阻碍作用,这种阻碍作用随着频率的升高而减弱,电容的电流通过性能也随之增强.

1. 电容的相关基本理论

（1）电容量.

电容量用来表示电容储存的电荷量值.平行板电容器的电容量可由下式计算：

$$C=\frac{Q}{U}=\frac{\varepsilon S}{d}$$

式中,C 为电容量,单位为 F；Q 为一个极板上的电荷,单位为 C；U 为极板间的电位差,单位为 V；ε 为介质的介电常数；S 为极板间的投影面积,单位为 m^2；d 表示极板间的距离,单位为 m.

（2）单位.

国际单位制导出电容量的单位为 F,即给电容器充 1C 的电荷量时,极板之间出现 1 V 的电位差,则这个电容器的电容为 1 F,即 1 F＝1 C/V.电容的单位还有 mF、μF、nF、pF,各单位间的换算关系如下：

$$1\,F=10^3\,mF=10^6\,\mu F=10^9\,nF=10^{12}\,pF$$

（3）电容的充放电.

当电容直接连接到直流电压源上时,它瞬间即可充电完毕.理论上,如果把已充电电容用导线短接两端,会瞬间放电完毕.实际过程中,此操作会因为电流巨大,导致导线剧烈发热,并伴有火花.

电容充电时电容两端电压和时间的函数关系为

$$U(t)=U_S(1-e^{-\frac{t}{RC}})$$

式中,$U(t)$ 为电容电压对时间的函数；U_S 为电源电压,R 为电路中的电阻,C 为电容的电容量.

电容放电时电容两端电压和时间的函数关系为

$$U(t)=U_S e^{-\frac{t}{RC}}$$

理论上充电过程永远不会结束,但是最终充电电流会下降到无法测量的数值.习惯上用希腊字母 τ 来表示时间常数,$\tau=RC$.充电时,1 个时间常数后充至电源电压的 63.2%,2 个时间常数后充至 86.5%,3 个时间常数后充至 95%,5 个时间常数后充至 99.24%,如图 7-14 所示.放电过程与充电过程相反,如图 7-15 所示.

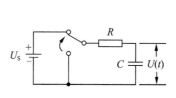
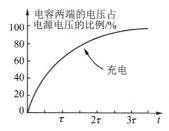

图 7-14　电容基本充电电路与充电曲线

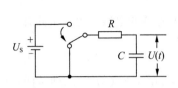
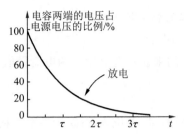

图 7-15　电容基本放电电路与放电曲线

(4) 电容的电抗.

电容的电抗简称容抗.在交流电路中,电容反复充电、放电.此时,电容对某一频率电流的作用类似于电阻,有阻碍作用.与电阻不同的是,电容虽对电流有阻碍作用,理论上却不消耗能量,不产生热量,一个周期内先暂存能量,然后释放能量.容抗的单位也是欧[姆],在特定频率下计算电容容抗的公式为

$$X_C = \frac{1}{2\pi f C}$$

式中,X_C 为容抗,f 为频率,C 为电容的电容量.

(5) 电压与电流的关系.

通过联立电容和电流的定义式,即可推出流经电容的电流为

$$I_C = C \frac{dU_C}{dt}$$

解微分方程,可得电容两侧的电压为

$$U_C = \frac{1}{C} \int I_C \, dt$$

(6) 相移.

从物理的角度看,当电容与电阻串联充电时,总是先有电荷积累(电流)才有电容上的电压变化,即电流总是超前于电压.

从数学的角度看,$U_C(t) = \frac{1}{C} \int I_C(t) dt = \frac{1}{C} \int dQ(t)$,即电荷变化的积累形成了电压,故 $dQ(t)$ 相位超前 $U_C(t)$;若在电容两侧加上交流电压 $U_C(t) = \sin(\omega t + \theta)$,则可通过电容两侧电压与电流的关系求得流经电容的电流为 $I_C(t) = C\omega \cos(\omega t + \theta)$,故理想情况下,电容上电流超前电压 90°相位,或者说电压落后电流 90°相位.

(7) 电容的串联.

当两个或多个电容串联到一起时,它们的总电容量比这一组中任意一个电容都小.等效电容(电容的倒数)的计算方法和并联电阻的计算方法一样,即

$$\frac{1}{C} = \frac{1}{C_1} + \frac{1}{C_2} + \frac{1}{C_3} + \cdots + \frac{1}{C_n}$$

电容串联以后总等效电容的电容量下降,耐压值升高,近似等于各电容耐压值之和.在串联电容时应确保各电容上分得的电压均未超过其耐压值.

(8) 电容的并联.

当电容并联在一起时,它们的电容增加,跟电阻的串联相类似.电容并联相当于单个电容的极板表面积增加,即并联后总容量为各电容容量之和,即 $C=C_1+C_2+\cdots+C_n$.

电容并联后允许外加的最大安全电压等于各电容耐压值的最小值.

(9) 实际电容的模型.

与理想电容不同,由于结构和工艺的限制,实际电容具有较强的非理想特性,即具有较大的并联阻抗(漏阻抗)、等效串联电阻(equivalent series resistance,简称 ESR)、等效串联电感(equivalent series inductance,简称 ESL)等.实际电容甚至在特定情况下会更像电阻或电感.

当流经电容的电流较大时,等效串联电阻越大,损耗的能量越多,电容的品质就越差.所以在高功率、高频率、高精度的应用中使用较低等效串联电阻的电容.不过在低功率、低频率、低精度的模拟电路中串联等效电阻一般不会产生严重的影响,在设计时可以不做过多的考虑.

实际电容的模型如图 7-16 所示.

2. 电容的规格参数

(1) 标称电容值.

标称电容值是电容的主要参数之一,用来表示电容的容量大小,是设计电路时需要首先考虑的指标.

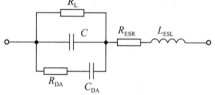

图 7-16　实际电容的模型

特别需要注意的是,通常电容值并非固定不变的,电容的电容值会随着频率、温度、电压和时间等影响因素的变化而变化.与电阻一样,电容通常采用 E24、E12、E6 标准系列.

(2) 允许偏差.

电容容量的允许偏差主要有绝对表示和相对表示两种表示方式.

绝对表示是以电容量值的绝对误差表示允许偏差,这种表示方式通常用于标注小容量的电容,主要有 ± 0.1 pF、± 0.25 pF、± 0.5 pF、± 1 pF、± 1.5 pF、± 5 pF 等.

相对表示是以电容量标称值的偏差百分数表示允许偏差,其中,允许偏差小于 5% 的可以称为精密电容;一般电容多为 $\pm 5\%$、$\pm 10\%$、$\pm 20\%$;陶瓷电容多为 $\pm 10\%$、$\pm 20\%$;电解电容一般为 $\pm 20\%$、$\pm 50\%/-20\%$,多用于对容量精度要求不高的场合.

(3) 额定电压(耐压值).

额定电压(耐压值)是指在一定温度范围内电容可以长期稳定承受的最大电压,通常在电容上标注.若实际电路中电容上的电压超过额定电压,会导致电介质被击穿损毁,电容被击穿.

非极性电容可以接入交流电压,交流额定电压通常在电容上使用 VAC 标注.此外,交流额定电压有效值一般不超过直流额定电压.例如,某电容的直流额定电压为 630 V,交流额定电压为 220 V.

(4) 温度系数.

温度系数用来表示电容随温度变化的程度,通常变化范围较小,小于容差.其单位为 ppm/℃,表示在温度变化 1 ℃时电容的变化量与标称电容值的比值.

随着温度的升高,大部分电容的电容值变大,此类电容我们称为正温度系数电容.也有一些电容的电容值会随温度的升高而减小,即负温度系数电容,如聚丙烯电容.此外,还有一些电容的电容值在不同的范围内有不同变化,如陶瓷电容.

(5) 漏电流.

当理想电容两端加上直流电压时,极板间没有电流流过.实际电容极板间的介质并非完全绝缘,无论电容是否充满,电容极板间都会有一个相对固定的电流流过.我们将这个电流称为漏电流.

在设计电容存储电路和高频交流耦合电路时,通常需要考虑这个参数.一般电解电容的漏电流较高,不适用于上述电路场合.

(6) 损耗因数.

损耗因数又称损耗角正切值,用来表示电容在工作时其自身损耗的大小,定义为在规定的频率下电容损耗的功率与存储的功率之比.该表述与功率因数的定义类似,故有些场合直接将损耗因数表述为功率因数.

损耗功率来自电容介质的损耗,损耗角正切值等于 1 kHz 时损耗等效电阻 R_S 与电容电抗 X_C 之比,即

$$\tan\delta = \frac{R_S}{X_C} = 2\pi f C R_S$$

(7) 损耗角.

当电容两端加上交流电压后,其通过的电流会与电压产生相位偏移,理想偏移(超前 90°)与实际偏移之差为损耗角 δ.通常优质电容的损耗角相对较小,而劣质薄膜电容的损耗角比较大.

(8) 品质因数 Q.

对于储能元器件,可用品质因数 Q(或称 Q 值)来区分其性能优劣,即

$$Q = \frac{X}{R}$$

式中,X 为电容的容抗,R 为储能元器件中与消耗能量有关的所有电阻之和.电容的 Q 值通常很高.高品质的电容的品质因数 Q 可达 1 000 以上.

(9) 频率特性.

当电容的工作频率较高时,电容的实际等效电容会减小,绝缘电阻会降低.陶瓷电容、聚丙烯电容的频率特性较好,电解电容的频率特性较差.

3. 电容的种类

部分电容的外形如图 7-17 所示.

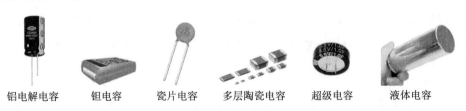

铝电解电容　　钽电容　　瓷片电容　　多层陶瓷电容　　超级电容　　液体电容

图 7-17　部分电容的外形

(1) 铝电解电容.

铝电解电容是由阳极铝箔、阴极膜、隔离纸交替缠绕制成的.由于采用卷型结构和特殊的加工工艺,铝电解电容有巨大的极板间面积和极小的极板间距离,单位体积内铝电解电容的电容值巨大,通常可以达到数百万微法,耐压值可达到数百伏.

铝电解电容容量范围大,体积小,价格低廉,被广泛地应用于滤波和大电量存储等场合.但铝电解电容的漏电流较大,温度系数较高,仅用在低频领域.

铝电解电容为极性电容,仅能承受低于其耐压值的直流电压,且负极必须接入电压较低的一端(电容表面会有明显的"—"标注),否则将会引发电容爆炸.铝电解电容采用液体作为负极材料,液体会蒸发,逐渐减少,故铝电解电容极易失效.在选用铝电解电容时要注意设备的设计寿命,并且仔细甄别其是否为二手翻新器件和存储不当的器件.

(2) 钽电容.

钽电容由钽的氧化物制成,一般为贴片封装固体形式.钽电容不存在铝电解电容电解液损耗而导致的寿命问题.钽电容质量轻、体积小、漏电流小,但价格偏高且不耐电流脉冲.与铝电解电容相同,钽电容也为极性电容,在使用时需要注意极性,一般在钽电容表面印刷深色标记表明正极,若极性反接,会引发电容燃烧等严重故障.

钽电容的绝缘电阻低,不适用于储能电路.高频时,钽电容的性能更接近电感,故不适用于高频电路.

(3) 瓷片电容.

瓷片电容以陶瓷材料作为电介质.由于没有采用卷式结构,因此陶瓷电容的自感低,温度系数稳定,适用于高频电路.和电解电容一样,瓷片电容也是目前应用最广泛的电容之一.

(4) 多层陶瓷电容.

多层陶瓷电容可以视为由多层瓷片电容堆叠而成,因此拥有极高的密度,体积极小,非理想特性小,这顺应了当今电子产品小型化、高频化的发展趋势.多层陶瓷电容继承了瓷片电容的所有优势,不过价格稍贵,常用于精密设备和高端电子产品中.

(5) 超级电容.

超级电容的电容值巨大,最高可以达到 100 F,输出功率高,耐压值较低(一般不大于 10 V),颜色通常为蓝色或金色.一般超级电容的储电能力可以达到电池的 10%,放电能力可以达到电池的 10 倍.相较于电池,超级电容的充放电速度更快,过程更简单可靠,可以承受更大的脉冲电流,但储电量不如电池.总的来说,超级电容的性能介于普通电容和电池之间.

超级电容的等效串联电阻较高,温度稳定性较差,不适合应用在电源电路中用于吸收纹波,而适合应用在需要短时间供电的电路中,如计算机主板的后备电源、电动汽车的动能回收等.

(6) 液体电容.

液体电容即绝缘介质为液体的一类电容.其外形类似密封罐头,体积较大,又称铁壳电容.绝缘介质通常为绝缘油,故又称油浸电容.由于绝缘油具有良好的绝缘性能和散热性能,液体电容常用于恶劣环境与高压供电场合.

4. 电容的功能

(1) 基本充放电.

电容的主要功能是储存能量.电容的工作分为充能与释能两部分:充能时,在电容两极间加上一定的电压,此时外加电流中的电荷被储存到电容中;释能时,电荷以电流的形式被释放到电路中.

充放电的速度可以用与电容串联或者并联的电阻来控制.电容的充放电电流较大,充放电的速度较快.利用电容的这种性能,可以将其应用在大电流放电电路中,用于在瞬间需要大电流的情况下补充供电,如电机控制器、相机的闪光灯等电路中.一些电容值较大的电容甚至可以作为简易的后备电源,如行车记录仪的后备电源,一些计算机主板上电池已被大电容值的电容取代.

(2) 信号耦合.

将电容串联进信号通路时,由于电容极板中填充的是绝缘物质,无法通过直流电流,电容的阻抗相当于无穷大,复合信号中的直流成分不允许通过.对于交流信号,电容的阻抗随信号频率的变化而变化,信号频率越高,电容的阻抗越小.因此,电容可以用于耦合两个电路,滤除掉直流分量,控制不同频率的信号通过.

(3) 去耦滤波(旁路).

将电容并联进信号通路时,电容相当于去耦电容.与耦合滤波相反,此时的信号通路允许符合要求的信号的直流分量通过.

五、电感器

1. 电感的相关基本理论

电感器简称电感,和电容一样,电感也可以储存能量.不一样的是电感以磁场的形式储存能量,将电能储存在磁场中,抑制流经电感的电流的突然变化.电感充能时,电流开始流经电感,电感周围的磁场逐渐增大.电感释能时,电感周围的磁场转化为电能,推动电子运动.利用这种电磁感应现象制成的元器件称为电感.电感又称扼流圈、电抗器,是常见的无源器件之一,在模拟电路中有着广泛的应用.通常高品质的电感内阻较小,因此对直流电流几乎没有阻碍作用.我们可以将电感的这个特性简单概括为"通直流,阻交流",阻止高频信号通过,允许低频信号通过,这与电容的特性恰好相反.当交流电流流经电感时,电感会产生自感电动势,阻碍交流电流流过,并且其阻碍作用随着频率的增加而增强.利用这个特性,电感在电源滤波等场合有着广泛的应用.

电感的主要作用是对交流信号进行隔离、滤波或与电容、电阻组成谐振电路.电路中的电感用字母"L"表示,图 7-18(a)是空心电感的符号,图 7-18(b)是磁芯电感的符号.

图 7-18 电感器的符号

(1) 电感量.

电感量用来表示电感储存磁能的能力.电感量是描述电感在单位电流下产生磁通量能力的物理量,通常用符号 L 表示,其单位是亨利(H).电感量的大小取决于电感器的物理特性,包括线圈的圈数、线圈的截面积、线圈的材料及线圈之间的介质等.

对于一个简单的理想线圈,其电感量 L 可以通过以下公式计算:

$$L = \mu \frac{N^2 A}{l}$$

式中,L 为电感量(单位:H);μ 为线圈的磁导率,对于真空或空气,μ 大约为 $4\pi \times 10^{-7}$ H/m;N 为线圈的圈数;A 为线圈的截面积(单位:m²);l 为线圈的长度(单位:m).

(2) 单位.

电感量 L 最基本的单位是"亨利",用字母"H"表示.1 H 电感就是在 1 s 内电流平均变化 1 A 时,在电路内感应出 1 V 感应电动势的电感量值.电感的单位还有 mH、μH,它们之间的换算关系如下:

$$1\ \text{H} = 10^3\ \text{mH} = 10^6\ \mu\text{H}$$

(3) 电感的电抗.

电感的电抗简称感抗,即

$$X_L = 2\pi f L$$

式中,f 为电压与电流的频率,L 为电感量.

本部分内容与容抗类似,此处不再赘述.

(4) 电感的电压与电流的关系.

电感的电压为

$$U_L = L \frac{\mathrm{d}I_L}{\mathrm{d}t}$$

电感的电流为

$$I_L = \frac{1}{L} \int U_L\ \mathrm{d}t$$

式中,L 为电感量.

(5) 相移.

理想情况下,电感上电流滞后电压 90°相位,或者说电压超前电流 90°相位.

(6) 串联与并联.

当电感串并联时,其规律与电阻相似,要特别注意各电感之间的距离要足够远,否则会因为磁场泄漏而相互之间产生电磁感应,即产生互感.故在实际电子电路中几乎不对电感进行串并联.当设计电感与标称值相差较远时,通常采用手工绕制或大批量定制的方式来解决.

电感串联时,等效电感为

$$L = L_1 + L_2 + L_3 + \cdots + L_n$$

电感并联时,满足

$$\frac{1}{L} = \frac{1}{L_1} + \frac{1}{L_2} + \frac{1}{L_3} + \cdots + \frac{1}{L_n}$$

(7) 实际电感的模型.

和电容一样,电感也有很大的非理想特性.由于结构原因,在一些特定的情况下,实际电感会呈现容性或阻性.实际电感的模型如图 7-19 所示.

2. 电感的规格参数

(1) 标称电感值与允许偏差.

标称电感值反映电感存储能量的大小.电感值取决于线圈

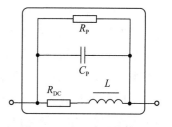

图 7-19　实际电感的模型

的绕制形式、大小、匝数、铁芯材料等因素.

电感的允许偏差即实际电感量能达到的精度.一般视用途来选定精度,高频场合精度较高,为±0.2%~±0.5%;低频场合精度较低,为±10%~±20%.

(2) 最大直流电流.

最大直流电流是指在一定的温度范围内电感可以长期稳定承受的直流电流的最大值.若实际电流超过额定电流,则会出现电感线圈因过热而损坏.当有交流电流通过电感时,可以取电流有效值.

若电感上未标注额定电流的大小,则可根据线圈线径进行估算.一般铜质漆包线可以按照每平方毫米截面积通过 2.5 A 的电流进行近似估算.

(3) 直流内阻.

电感的直流内阻是指当电感通过直流电流时的等效电阻,一般小于 10 Ω.在同等条件下,电感值越大,直流内阻也越大;线圈的线径越大,直流内阻越小;线圈的含铜量越高,直流内阻越小.在设计电感时应尽可能地减小直流内阻.

(4) 品质因数 Q.

电感的品质因数被定义为电感储能与耗能之比,给定频率下为电感的感抗与直流内阻之比:

$$Q = \frac{\omega L}{R} = \frac{2\pi f L}{R}$$

式中,f 为工作频率,L 为电感量,R 为直流内阻.

品质因数 Q 是反映电感效率与性能的关键指标,与材料的材质、大小和工艺相关.Q 值越大,表明电感的功率损耗越小,品质越好.

一般用于谐振回路的 Q 值较大,以减小谐振回路的损耗.用于滤波回路的电感 Q 值较小,避免与滤波电容形成谐振回路.实际电感由于受工艺和结构的限制,Q 值一般为几十至几百.

(5) 自谐振频率.

电感由于使用线圈绕制,线圈之间会存在一定的分布电容.这种分布电容与电感共同构成了一个 LC 电路,当通过这个电路的交流电频率达到某个特定值时,电感的感性反应和分布电容的容性反应相互抵消,导致电路的总阻抗达到最小,这个特定的频率就被称为电感的自谐振频率,它是电感的一个性能指标.在自谐振频率下电感可以等效为纯电阻,此时电感 Q 值为 0.

3. 电感的种类

(1) 常见电感的结构与外形.

电感是用漆包线、沙包线或塑皮线等在绝缘骨架或磁芯、铁芯上绕制成的一组串联的同轴线匝,按照其结构的不同可分为固定电感和可调电感;电感按用途可分为振荡电感、校正电感、阻流电感、滤波电感、隔离电感、补偿电感等.图 7-20 为一些电感的外形.

① 色环电感.图 7-20(a)为色环电感,与色环电阻的外形很相似,只是体形比色环电阻明显胖一些,电感量及误差范围表示方法与色环电阻完全相同,只是得出的结果的单位是 μH.色环电感的安装方式也与通孔直插型的电阻类似.

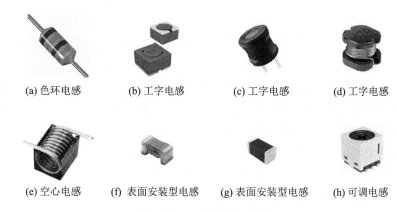

(a) 色环电感　　(b) 工字电感　　(c) 工字电感　　(d) 工字电感

(e) 空心电感　　(f) 表面安装型电感　　(g) 表面安装型电感　　(h) 可调电感

图 7-20　一些电感的外形

② 工字电感.图 7-20(b)、图 7-20(c)、图 7-20(d)为工字电感,可以用较小体积在直流电阻较小时获得比较大的电感值.

③ 空心电感.图 7-20(e)为空心电感.空心电感由导线直接绕制而成.由于没有铁芯,空心电感不会由于磁滞、涡流现象而产生损耗和失真.不过由于没有铁芯,空心电感的电感值一般较小.在使用时可以通过微调线圈形状,微调其电感值.空心电感一般用于遥控器、接收机等射频电路和其他对品质因数要求较高的高频电路中.

④ 表面安装型电感.图 7-20(f)、图 7-20(g)为表面安装型电感.表面安装型电感的体积特别小,主要用在高密度的电路板上.相比其他类型的电感器,表面安装型电感的寄生参数和电阻损耗特别小,Q 值较高,有比较好的高频性能.

⑤ 可调电感.图 7-20(h)是可调电感.可调电感的调节部件是沿线圈中心移动的铁芯,移动铁芯的位置,可以改变电感的大小.可调电感通常用于谐振电路、频带较窄的电路和其他需要调节电感值大小的电路中.

（2）非标电感.

绝大多数的电子元器件都由厂商根据规定的标准与系列进行生产,电感则是一个例外.除了一部分电感元器件,如固定电感、阻流圈、振荡线圈按规定标准生产的外,还有许多电感元器件属非标元器件,需要使用者根据实际需要自行设计和制作.

对于非标电感,请读者需要时查阅相关资料后选用合适的电感结构与参数,自行制作.

7.2 常用半导体器件简介

半导体器件是指使用半导体材料制成的电子元器件.常见的半导体器件包括二极管、晶体管、可控硅、集成电路(integrated circuit,简称 IC)等.

一、二极管

半导体二极管简称二极管,是一个两端的半导体器件,其符号如图 7-21 所示.二极管通常由 PN 结、外壳、引脚组合构成.其阳极由 PN 结 P 区引出,阴极由 PN 结 N 区引出.

图 7-21　二极管的符号

1. 二极管的特性

二极管具有单向导电性.当其阳极相对于阴极的电压为正时,称为正向偏置,二极管允许电流通过;当极性相反时,称为反向偏置,二极管不允许电流通过.

具体而言,二极管的电流-电压特性曲线如图 7-22 所示,当二极管外加正向电压时,只有在电压足够大时,二极管才导通,并开始有电流,此时的电压被称为开启电压 U_{on}.通常硅管的开启电压约为 0.5 V,锗管约为 0.1 V.当二极管外加反向电压时,二极管处于截止状态,只有很小的反向电流流过,在图 7-22 中表现为此时的电流曲线几乎和横轴负半轴重合.硅管的反向电流通常小于 0.1 μA,锗管为几十微安.当反向电压达到一定数值后,二极管会出现反向电流迅速增大的情况,这种现象被称为反向击穿.击穿区曲线很陡,几乎和纵轴平行,具有稳压的特性.此时二极管反向电压处于一个比较稳定的数值 $U_{(BR)}$,即反向击穿电压.

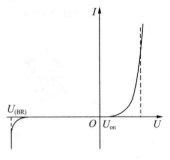

图 7-22 二极管的电流-电压特性曲线

2. 二极管的规格参数

二极管的规格参数包括额定电流、反向耐压值、反向电流、额定工作频率等.实际应用中,应根据应用场合,按照二极管实际承受的最大整流电流、最高反向工作电压、最大反向电流、最高工作频率等条件,选择满足要求的二极管.

(1) 最大整流电流.

二极管的最大整流电流 I_M 是指二极管长期运行时允许通过的最大正向平均电流.实际电路中二极管正向平均电流不允许超过此值,否则 PN 结会因温度过高而烧毁.

(2) 最高反向工作电压.

二极管的最高反向工作电压 U_{RM} 是指二极管工作时允许外加的最大反向电压.考虑安全余量,U_{RM} 通常为二极管击穿电压 $U_{(BR)}$ 的一半.

(3) 最大反向电流.

二极管的最大反向电流 I_{RM} 是指二极管未击穿时的反向电流.I_{RM} 越小越好.因二极管的反向电流主要是由少子漂移产生的,少子浓度受温度影响较大,所以 I_{RM} 对温度较为敏感.

(4) 最高工作频率.

二极管的最高工作频率是指二极管工作时的上限频率.结电容的存在对二极管的工作频率提出了要求,其工作频率不能超过最高工作频率,否则二极管的单向导电性将受影响.

3. 二极管的种类

(1) 小信号二极管.

小信号二极管常用于电压较低、电流较小的电路中,在使用时主要利用二极管的单向导电性.有些类型的小信号二极管的响应时间非常短,工作频率很高,适用于高频电路和高速逻辑电路中.图 7-23 给出了小信号二极管 1N4148 的玻璃式封装.开关二极管、肖特基二极管都属于这种小信号二极管.

图 7-23 玻璃式封装

（2）整流二极管.

整流二极管在使用时同样也是利用二极管的单向导电性,把交流电转换为单向的脉动直流电.整流二极管正向工作电流较大,但开关特性及高频特性均较差.

常用的整流二极管有 1N400×、1N540× 等.1N4001~1N4007 系列的二极管,最大整流电流为 1 A;1N5400~1N5408 系列的二极管,最大整流电流为 3 A.部分 1N 系列二极管的主要特征参数如表 7-4 所示.

表 7-4 部分 1N 系列二极管的主要特性参数

型号	最高反向工作电压/V	最大整流电流/A	最大正向峰值电流/A	正向压降/V	最大反向电流/μA
1N4001	50	1.0	30	1.1	5.0
1N4002	100				
1N4003	200				
1N4004	400				
1N4005	600	1.0	30	1.1	
1N4006	800				
1N4007	1 000				
1N5400	50	3.0	200	0.95	5.0
1N5401	100				
1N5402	200				
1N5403	300				
1N5404	400				
1N5405	500				
1N5406	600				
1N5407	800				
1N5408	1 000				

（3）稳压二极管.

稳压二极管工作在齐纳击穿状态,又称齐纳二极管.当这种二极管工作在反向击穿状态时,具有在一定的电流范围内保持电压相对稳定的能力.

稳压二极管的关键参数有稳压值（齐纳电压）和功率.在使用稳压二极管时通常需要串联限流电阻,否则会因为反向电流过大而导致二极管过热损坏.

图 7-24 给出了稳压二极管的电路符号和各类封装的实物图.从图中可以看出,稳压二极管的封装和其他种类的二极管封装是基本相同的,要通过封装上印刷的编号或包装袋上的产品信息识别.

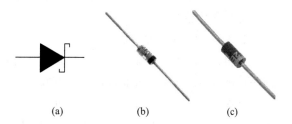

(a)   (b)   (c)

图 7-24 稳压二极管的符号与各类封装外形

同一系列不同型号稳压二极管的稳压值(齐纳电压)不尽相同,在设计和选用时需要仔细查阅厂商提供的数据手册.

(4) 发光二极管.

发光二极管(LED)的内部为一个具有单向导电性的 PN 结.当在发光二极管的两端加正向电压时其内部的能量以光子的形式耗散,即散发出特定颜色的光.发光二极管的符号与各类封装外形如图 7-25 所示.通孔直插式发光二极管的一对引脚中,较长的一只为阳极;表面安装型发光二极管的阴极附近一般有色带、缺角等标注,具体需要查阅厂商给出的数据手册,或使用数字式多用表测试.

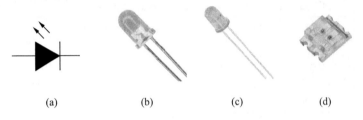

图 7-25　发光二极管的符号与各类封装外形

不同材料制成的发光二极管可以发出不同颜色的光,即不同波长的光.例如,由砷化镓制成的发光二极管发红色光,即波长为 620~660 nm 的光.不同材质的发光二极管具有不同的电参数,表 7-5 给出了不同光型发光二极管的正向导通电压.有时也将多种颜色的发光二极管封装在一起,实现同一个元器件发出不同颜色的光,如图 7-25(d)所示.

表 7-5　发光二极管的光型与正向导通电压

光型	正向导通电压/V
红外	1.4~1.7
红	1.7~1.9
橙、黄	2.0~2.2
绿	2.1~3.0
蓝、白	3.4~3.8

不同功率的发光二极管的亮度不同,正向电流也不尽相同.一般小功率发光二极管仅需 1 mA 即可点亮.发光二极管的正向电流可以由与之串联的限流电阻设定.由于发光二极管种类繁多,性能各异,在正式使用时务必查阅厂商提供的数据手册,务必严格按照给定的正向电流与正向导通电压来设定限流电阻的阻值,否则容易导致发光二极管无法工作或过热损坏.

二、晶体管

晶体管可分为两种基本类型:双极结型晶体管(bipolar junction transistor,简称 BJT)和场效应型晶体管(field effect transistor,简称 FET).

1. 双极结型晶体管

双极结型晶体管又称三极管,它有三个引脚,分别为基极(base)、集电极(collector)和发射极(emitter),其中基极通常作为控制端,控制着集电极和发射极之间的电流通路.

从拓扑结构上看,BJT 是由两个集成在一起的 PN 结连接相应电极再封装而成的,如图 7-26 所示.BJT 有两种结构:NPN 和 PNP.

NPN 型 BJT,内部结构像是由 2 个背靠背的二极管构成的.正常工作要求发射结正偏,集电结反偏.如果发射结的二极管不能导通,则 BJT 截止,电流无法从 c 极流向 e 极.

PNP 型 BJT 与 NPN 型 BJT 的结构相反,但是工作要求和 NPN 型一样:正常工作要求发射结正偏,集电结反偏.如果发射结的二极管不能够导通,则 BJT 截止,电流无法从 e 极流向 c 极.

常用的 BJT 有 80、90 系列,包括低频小功率硅管 9013(NPN)、9012(PNP),低噪声管 9014(NPN),高频小功率管 9018(NPN),通用型功率管 8050(NPN)、8550(PNP)等.

表 7-6 列出了部分 80、90 系列 BJT 管的主要特性参数.90 系列中的 BJT 管的电流放大系数 h_{FE} 的范围为 28～1 000,耐压性能好,集电极-发射极击穿电压 $V_{(BR)CEO}$ 都在 25 V 以上.表 7-6 还给出了集电极最大允许电流 I_{CM}、最大工作频率 f_T、最大耗散功率 P_{CM}.

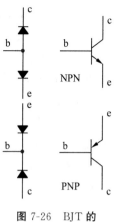

图 7-26 BJT 的结构与符号

表 7-6 部分 80、90 系列 BJT 管的主要特性参数

型号	类型	P_{CM}/mW	$V_{(BR)CEO}$/V	I_{CM}/A	温度/℃	h_{FE}	f_T/MHz	用途
9011	NPN	400	50	0.03	150	28～198	370	通用功率放大
9012	PNP	625	−40	0.5	150	64～202	370	低噪声放大
9013	NPN	625	40	0.5	150	64～202	370	低噪声放大
9014	NPN	450	50	0.1	150	64～1 000	270	低噪声放大
9015	PNP	450	−50	0.1	150	64～1 000	190	低噪声放大
9016	NPN	400	30	0.025	150	28～198	620	低噪声高频放大
9018	NPN	400	30	0.05	150	28～198	1 100	低噪声高频放大
8050	NPN	1 000	25	1.5	150	60～300	190	通用功率放大
8550	PNP	1 000	−25	1.5	150	60～300	200	通用功率放大

BJT 开关在很多小功率场合得以应用.如图 7-27(a)所示,Q 实现了对 LED 灯(D_9)亮灭的控制.如果把 LED 灯换成蜂鸣器,就获得了蜂鸣器的 BJT 驱动电路,如图 7-27(b)所示.

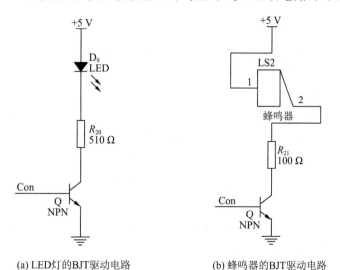

(a) LED灯的BJT驱动电路　　(b) 蜂鸣器的BJT驱动电路

图 7-27 BJT 驱动电路的应用

2. 场效应型晶体管

场效应型晶体管(field effect transistor,简称 FET、场效应管)可以是 N 沟道或 P 沟道器件,这取决于它的制作方式.FET 也有多种变体,每种类型都有其独特的特性,如电流处理能力、电压范围和开关速度,以满足其适用于特定应用.

MOSFET(MOS 管)是一种常见的 FET,是一种电压控制型器件,其输入阻抗比 BJT 高得多,可达到 $10^9 \sim 10^{15}$ Ω.这些器件在"开启"状态时具有低内阻,并且某些类型可以处理大电流.它们常被用于直流电源开关电路,也被用于音频放大器的输出级.

MOSFET 有四种类型,如图 7-28 所示,其中 D 为漏极,G 为栅极,S 为源极,B 为衬底基片.

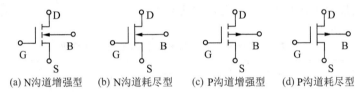

(a) N沟道增强型　(b) N沟道耗尽型　(c) P沟道增强型　(d) P沟道耗尽型

图 7-28　MOSFET 的四种类型

(1) 场效应管的分类.

① 按结构分.按场效应管的结构,通常分为两大类:结型场效应管和绝缘栅型场效应管.绝缘栅型场效应管又叫金属-氧化物-半导体绝缘栅型场效应管,通常简称为 MOSFET.此外,还有肖特基势垒场效应管.

② 按导电沟道所采用半导体材料的不同,可分为 N 沟道场效应管和 P 沟道场效应管.

- N 沟道场效应管:沟道为 N 型半导体材料,导电载流子为电子.
- P 沟道场效应管:沟道为 P 型半导体材料,导电载流子为空穴.

按工作状态,可分为耗尽型场效应管和增强型场效应管.

- 耗尽型场效应管:当场效应管栅源电压为零时,已存在导电沟道.这类场效应管又称为常开型场效应管.
- 增强型场效应管:当场效应管栅源电压为零时,其导电沟道处于夹断状态;只有当栅源电压达到一定值时,其导电沟道才处于导通状态,从而允许电流通过.

(2) 场效应管的主要特性参数与技术指标.

① 开启电压与夹断电压.

开启电压 $U_{GS(th)}$ 是增强型 MOSFET 的参数.当在 MOSFET 的源极-漏极之间加一个固定电压值,使得漏极电流等于一个微小电流时,栅源间的电压即为开启电压.

夹断电压 $U_{GS(off)}$ 是耗尽型 MOSFET 的参数.当在 MOSFET 的源极-漏极之间加一个固定电压值,使得漏极电流等于一个微小电流时,栅源间的电压即为夹断电压.

② 饱和漏极电流 I_{DSS}.

饱和漏极电流 I_{DSS} 是耗尽型 MOSFET 的参数,指在 G 极、S 极之间电压为 0 的情况下,D 极、S 极之间的电压为一定值时的漏源电流.

③ 直流输入电阻 R_{GS}.

在 $u_{DS}=0$ 的条件下,给 G 极、S 极之间电压 u_{GS} 一个定值,此时的栅源直流电阻就是直流

输入电阻 R_{GS}. MOSFET 的 R_{GS} 可达 $10^9 \sim 10^{15}$ Ω.

④ 低频互导(跨导)g_m.

u_{DS} 为一固定电压,漏极电流的微变量和引起这个变化的栅源电压的微变量之比称为互导,即

$$g_m = \frac{d i_D}{d u_{GS}}\bigg|_{u_{DS}}$$

g_m 是表征 MOSFET 放大能力的一个重要参数,单位为西门子(S),一般在零点几到几毫西门子的范围内,特殊的可达 100 mS,甚至更高.

⑤ 最大漏极电流 I_{DM}.

最大漏极电流 I_{DM} 是指 MOSFET 正常工作时漏极电流的上限值.

⑥ 最大耗散功率 P_{DM}.

MOSFET 的耗散功率 P_D 等于 u_{DS} 和 i_D 的乘积,这些耗散在 MOSFET 中的功率将以热能的形式释放,使管子温度升高.为了限制它的温度不升得太高,就要限制它的耗散功率不能超过最大数值 P_{DM}.显然,P_{DM} 受管子最高工作温度的限制.对于确定型号的 MOSFET,P_{DM} 是一个确定值.

⑦ 最大漏源电压 $U_{(BR)DS}$.

最大漏源电压 $U_{(BR)DS}$ 是指发生雪崩击穿、i_D 开始急剧上升时的 u_{DS} 的值.

⑧ 最大栅源电压 $U_{(BR)GS}$.

最大栅源电压 $U_{(BR)GS}$ 是指栅源间反向电流开始急剧增加时的 u_{GS} 的值.

7.3 常用电路与硬件设备简介

一、信号检测电路

计算机通过对外部信号的检测来获取信息,为此,需要了解各种信号的特征和处理要求,常见信号类型和处理要求见表 7-7.

表 7-7 常见信号类型和处理要求

信号类型	信号特征	表示信息	处理要求
开关信号	只有两种不同的取值.需要关心信号频率变化范围和幅度	开关和按键状态、位置状态、通断状态等	限幅、整形、消抖、隔离、电平转换、锁存等
脉冲信号	脉冲的边沿表示信号的有无,需要关注脉冲的间隔、脉冲的宽度和频率	频率、时间、计数、报警触发、中断请求等	限幅、电平转换、隔离、计数、锁存等
数字信号	通常为二进制或 BCD 信号,每位只有"0"和"1"两种取值.需要关注数制、位数	数码开关输入的参数和量程,数字传感器检测到的温度、压力、流量、位移、速度、重量等	隔离、电平转换、锁存、校验、纠错、串/并转换等
模拟信号	在时间和幅度上是连续的,通常需要关注信号频率范围和精度	模拟传感器检测到的温度、压力、流量、位移、速度、重量、电压、电流、功率等	放大、隔离、滤波、采样保持、V/F 转换、A/D 转换、非线性变换、标度变换等

下面简单介绍开关信号、脉冲信号、模拟信号的处理,这些信号处理需要用到模拟电路的基础知识.另外,数字信号处理中的隔离、电平转换可以借助开关信号处理电路,而锁存、校验、纠错、串/并转换等处理需要用到数字电路基础知识.

1. 开关信号检测

可以将一个无源的断开和接通开关信号直接连接到接口电路.如果开关信号是电压信号,可能会引入过电压、过电流、电压瞬态尖峰和反极性等干扰信号,需要有一定的处理措施,信号才能稳定地接入接口电路.开关信号的简单处理电路如图 7-29 所示.其中串联二极管 V_1 防止反向电压输入,由 R_1、C_1 构成的低通滤波器滤除高频信号,以抑制高频信号的干扰,电阻 R_1 是输入限流电阻,稳压管 V_2 把过压或瞬态尖峰电压钳位在安全电压上.

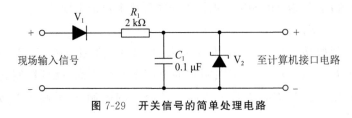

图 7-29 开关信号的简单处理电路

通常开关按钮中含有弹簧等机械结构,当开关被操作时会产生较大抖动的信号,易被误识别.因此在使用机械式开关按钮时需要增加消抖电路来提高可靠性和安全性.图 7-30 为一种消抖和光电隔离的输入处理电路.

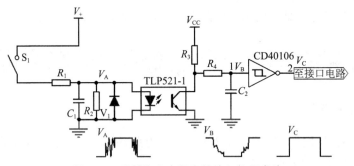

图 7-30 消抖和光电隔离的输入处理电路

2. 脉冲信号检测

脉冲信号实质上也是开关信号,人们主要关心的是信号的变化,即其上升沿和下降沿,以及相邻脉冲信号间隔的时间.有些脉冲信号不仅需要记录数量,还要考虑多脉冲信号之间的相位关系.例如,可以通过旋转编码器输出的多个脉冲信号之间的相位关系来判断角度的方向.下面以 KOYO 增量型旋转编码器 TRD-S/SH 系列为例介绍脉冲信号检测的工作原理和相应的输入电路.

旋转编码器是检测旋转角度的传感器,利用它可以用来检测转速、位移和长度.其外形与内部结构如图 7-31 所示.

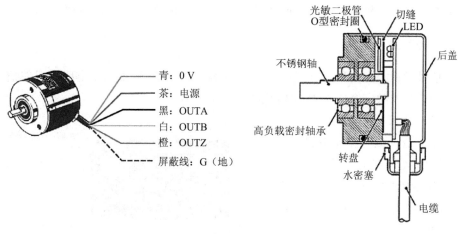

图 7-31　旋转编码器的外形与内部结构

旋转编码器的输出信号形式通常为增量型 A、B 二相与 Z 相,其中 A 相和 B 相信号表示旋转角度,Z 相表示原点位置,使用负脉冲输出.输出驱动形式为 NPN 开路集电极输出(也有的型号为符合 RS-422 标准的差分驱动输出),利用 A、B 相脉冲信号的边沿就可区分正转和反转,如图 7-32 所示.A 相输出超前 B 相输出 90°为正转,A 相输出滞后 B 相输出 90°为反转.

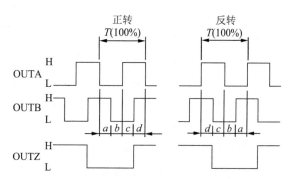

图 7-32　增量型旋转编码器输出信号与驱动形式

3. 模拟信号检测

许多物理实验系统中出现的电信号是模拟信号,即信号在时间和幅度上都是连续的.对这些模拟信号需要进行电流-电压信号转换、电阻-电压信号转换、电压放大、电压-电流信号转换及隔离调理等,调理后的信号通常为几伏大小的电压信号.

模拟信号处理一般包括信号放大和 A/D 转换(模拟信号到数字信号的转换).信号放大主要由运算放大器完成;A/D 转换则将模拟信号转换为二进制数字信号,便于计算机处理.

ADC0838 是一种 8 位 8 通道串行接口的 A/D 转换器,可以通过 SPI 接口与单片机连接,可以依次对 8 个通道的模拟量电压信号进行 A/D 转换,输出 8 位二进制数字信号,其连接电路如图 7-33 所示.

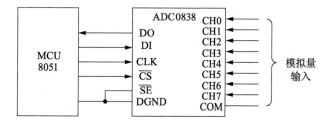

图 7-33　ADC0838 与 8051 单片机的连接

A/D 转换器的性能指标主要为速度和精度.速度是指转换速率,即每秒可以转换的次数,低速的为几十次/秒,高速的可达几百万次/秒.精度通常与分辨率密切相关,8 位 A/D 转换器的分辨率为 $V_{ref}/2^8$,12 位 A/D 转换器的分辨率为 $V_{ref}/2^{12}$,24 位 A/D 转换器的分辨率可达 $V_{ref}/2^{24}$.

目前有许多单片机芯片内已经包含了 A/D 转换器模块,使用较为方便.

二、信号产生

产生信号的途径有多种,具体包括信号发生器产生的信号、由电子电路组成的信号产生电路产生的信号及数字合成技术 DDS 模块产生的信号.

1. 信号发生器

信号发生器可以产生正弦波、矩形波、三角波和自定义的任意波,功能非常强大.以普源 RIGOL-DG4162 多功能信号发生器为例,它能够输出 1 μHz 至 100 MHz 的正弦波、方波、锯齿波、脉冲、噪声、谐波,以及指数上升、指数下降、双音频等信号.RIGOL-DG4102 有两个功能完全相同的通道,通道间相位

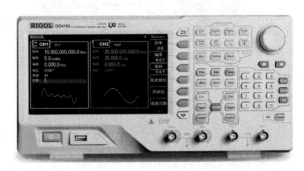

图 7-34　RIGOL-DG4162 多功能信号发生器的外形

可调.输出电压峰峰值为 $1\times10^{-3}\sim10$ V($\leqslant 20$ MHz 时),或 $1\times10^{-3}\sim 5$V($\leqslant 70$ MHz 时),或 $1\times10^{-3}\sim 2.5$ V($\leqslant 100$ MHz 时).RIGOL-DG4162 多功能信号发生器的外形如图 7-34 所示.使用信号发生器是工科大学生必备的技能.

2. 信号产生电路

利用模拟电路可以产生正弦波信号,一个由 RC 网络和运算放大电路组成的正弦波信号发生电路——RC 桥式振荡电路如图 7-35 所示.其中振荡频率为

$$f=\frac{1}{2\pi RC}$$

利用 555 时基电路可以组成多谐振荡器,可以产生矩形波和近似的锯齿波.其电路如图 7-36 所示.

利用模拟电路和脉冲电路产生正弦信号、矩形波信号、锯齿波信号有多种方案,可以参阅有关模拟电子技术、数字电子技术的教材.

利用单片机也可方便地产生矩形波和脉冲宽度可调的 PWM 信号.若要产生正弦波信号或其他函数信号,则需要用到 D/A 转换器,将单片机输出的数字信号转换为模拟信号.

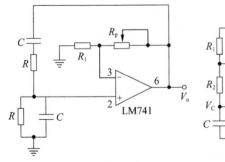

图 7-35　RC 桥式振荡电路

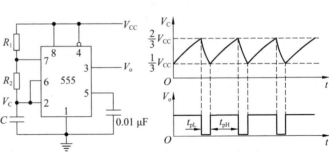

图 7-36　利用 555 时基电路组成的多谐振荡器

3. DDS 高精度信号源模块

利用数字合成技术 DDS 模块可以产生精度非常高的信号,其中包括正弦波信号、锯齿波信号和矩形波信号.

例如,ADI 公司的 AD9833 是一个低功耗、频率可编程的正弦波、三角波和方波波形发生器.其输出信号的频率和相位是可编程的.频率寄存器为 28 bit,如果基准频率输入为 25 MHz,信号输出最小精度为 0.1 Hz.同样的,如果基准频率输入为 1 MHz,则信号输出最小精度为 0.004 Hz.利用 AD9833 构成的某信号源电路及外形如图 7-37 所示.AD9833 通过 SPI 总线与 MCU 连接.

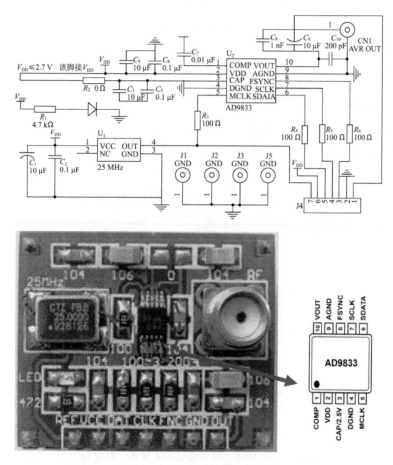

图 7-37　利用 AD9833 构成的某信号源电路及外形

也有将 DDS 模块芯片与 MCU(micro controller unit,微控制单元)或 FPGA(field programmable gate array,现场可编程门阵列)、显示器组合成信号源模块,用户使用更为方便.

例如,基于 DDS 的 UDB1002S 信号源模块的外形如图 7-38 所示,它的输出波形有正弦波、方波、三角波、锯齿波,输出频率范围为 0.01 Hz～2 MHz,输出幅度≥9 V(空载),输出阻抗为 50 Ω(±10%),提供直流偏置±2.5 V,频率分辨率为 0.01 Hz.

图 7-38　基于 DDS 的 UDB1002S 信号源模块的外形

UDB1002S 信号源模块还有计数功能（范围为 0～4 M）、测频功能（范围为 1 Hz～60 MHz）及扫频功能.

UDB1002S 信号源模块可通过通信接口与上位机连接，由上位机完成参数设置、信号控制、计数测频数据显示等功能. 上位机的控制界面如图 7-39 所示.

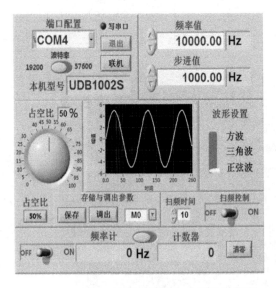

图 7-39　UDB1002S 信号源的上位机控制界面

许多信号源通常以电压信号的形式出现，如要一定的驱动能力，则需要增加功率放大电路. 如果频率在音频范围内，可使用音频功率放大器，特别是新型的数字 D 类功率放大器性价比远远超过了传统的功率放大电路，值得推荐使用.

例如，某双通道音频数字功放板模块采用集成电路 TPA3116D2，电源电压为 12～24 V，输出功率为 2×100 W，其外形如图 7-40 所示.

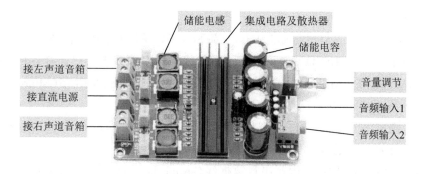

图 7-40　某双通道音频数字功放板模块的外形

三、常见接口电路

1. SPI 接口

SPI(serial peripheral interface,串行外围设备接口)技术是早期 Motorola 公司推出的一种同步串行通信接口.SPI 采用主从模式(master slave)架构,通常 SPI 总线上有一个主设备(master)和一个或多个从设备(slave),由于 SPI 的硬件电路简单,推出历史较长,应用比较广泛,支持 SPI 总线的外围器件很多,如 RAM、EEPROM、A/D 和 D/A 转换器、实时时钟、LED/LCD 驱动器及无线电音响器件等.

SPI 总线的传输速率取决于连接的芯片,可以实现全双工传输,传输速率比较高,每秒可达几百千字节至几兆字节.虽然从名称上看,SPI 总线是外设之间的接口,但其通常用于芯片间的数据传输,不太适宜远距离和系统级之间的连接,也不太适合用于多个主设备之间的通信.

标准的 SPI 总线有 4 根信号线:MISO(master in/slave out)、MOSI(master out/slave in)、SCK(serial clock)和$\overline{SS}$(slave select),也有使用 DI(digital input)、DO(digital output)、CLK(clock)和$\overline{CS}$(chip select)表示的.连接到 SPI 的有主设备和从设备,两者连接到 SPI 总线的信号线方向有所不同.利用 SPI 总线一个主设备与多个从设备进行数据通信的连接示意图如图 7-41 所示.

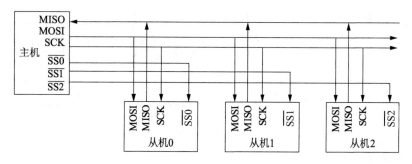

图 7-41　利用 SPI 总线进行数据通信的连接示意图

如只有一个主机与一个从机通信,可以只使用 DI、DO、CLK 三根线,故也称三线同步串行接口.

2. IIC 接口

IIC 总线(inter integrated circuit bus, 也简称为 I²C 总线)是 Philips 公司首先推出的芯片间同步串行传输总线. IIC 总线是两线式串行总线. 在 IIC 总线上可以连接各种类型的外围器件, 如 RAM、EEPROM、I/O 扩展电路、A/D 和 D/A 转换器、MEMS(Micro-electro-mechanical system, 微机电系统)传感器等.

IIC 的传输速率可达 100 kbps(标准模式)、400 kbps(快速模式)、3.4 Mbps(高速模式), 但 IIC 总线属于芯片级总线, 不适宜远距离和系统级的连接.

IIC 总线有两根信号线: 一根是串行数据线(serial data line, 简称 SDA), 另一根是串行时钟线(serial clock line, 简称 SCL). 所有接到 IIC 总线上的器件, 其串行数据线都接到总线的 SDA 线, 各器件的时钟线都接到总线的 SCL 线. SDA 和 SCL 都是双向 I/O 线, 器件地址由硬件设置, 通过软件寻址可避免器件的片选线寻址. IIC 总线也称二线同步串行接口.

连接到 IIC 串行总线上的器件(或设备)有主和从之分. 总线上的数据传输由主器件控制. 它发出启动信号启动数据的传输, 发出停止信号结束数据的传输, 此外, 它还发出时钟信号. 被主器件寻访的器件称为从器件.

为了进行通信, 每个接到 IIC 总线上的器件都有一个唯一的地址, 以便于主器件寻访. 主器件和从器件的数据传输是双向的, 可以由主器件发送数据到从器件, 也可以由从器件发送数据到主器件. 凡是发送数据到总线的器件称为发送器, 从总线上接收数据的器件称为接收器.

IIC 总线上允许连接多个主器件和从器件. 为了保证数据可靠地传输, 任一时刻总线只能由某一台主器件控制, 通常主器件是微处理器. 为了妥善解决多台微处理器同时启动数据传输(总线控制权)的冲突, 可通过仲裁决定由哪一台微处理器控制总线. IIC 总线也允许连接不同传输速率的器件. 有许多单片机和 MCU 内置了 IIC 总线, 使用比较方便.

图 7-42 为在 IIC 总线上连接了 2 个微处理器、1 个 LCD 驱动器、1 个静态 RAM 或 EEPROM、1 个门阵列和一个 ADC 芯片.

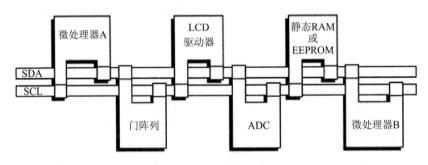

图 7-42 IIC 总线的连接

3. RS-232C 和 RS-485 接口

RS-232C 是一种相当简单的异步串行通信标准, 最少只需用三根连线, 便可实现全双工通信. 它适用于通信距离不大于 15 m, 传输速率小于 20 kbps 的场合. RS-232C 信号线中最重要的三根连线是 TXD(发送数据)、RXD(接收数据)和 GND(接地).

为了提高数据通信的可靠性和抗干扰能力, RS-232C 采用负逻辑, 其逻辑电平与 TTL

(晶体管)电平不同.对 TXD 和 RXD:

逻辑 1 电平(也称传号 MARK):发送端为 $-5\sim-15$ V,接收端为 $-3\sim-15$ V.

逻辑 0 电平(也称空号 SPACE):发送端为 $+5\sim+15$ V,接收端为 $+3\sim+15$ V.

由于 RS-232C 采用电平传输,故其传输距离非常短,抗干扰能力弱.

RS-485 是对 RS-232C 的改进.RS-485 采用平衡传输,传输速率可达 100 kbps(1 200 m)~10 Mbps(12 m).

RS-232C 和 RS-485 都属于异步串行传输,不需要同步信号,数据传输格式是相同的,故驱动程序也是一样的,主要是使用的硬件芯片有差异.异步传输的数据传输格式如图 7-43 所示.

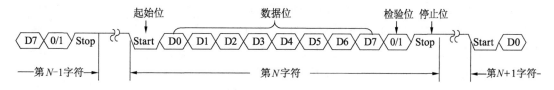

图 7-43　异步传输的数据传输格式

RS-485 实现半双工通信(不能同时发送和接收)和全双工通信(能同时发送和接收)的典型电路分别如图 7-44 和图 7-45 所示.RS-485 还支持多机通信,此时通常需要使用到接收和发送的选通信号.

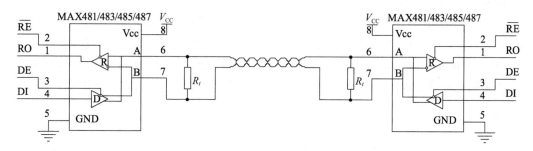

图 7-44　RS-485 实现半双工通信的典型电路

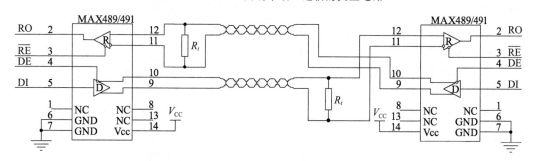

图 7-45　RS-485 实现全双工通信的典型电路

4. USB 接口

USB(universal serial bus,通用串行总线)广泛应用于 PC 与外部设备的连接和通信.最典型的使用 USB 接口的例子是鼠标和键盘.USB 接口连接简单,数据传输速率较高(USB 1.0/1.1 为 12 Mbps,USB 2.0 为 480 Mbps,USB 3.0 可达 5 Gbps),不需要外接电源,支持热插拔,总线还可向设备提供电源(5 V/500 mA),但 USB 传输距离较短,一般不超过 5 m. USB 通常有 4 根连线:2 根信号线(D+和D−)、电源线和接地线.

USB 为非对称式接口总线,它由一个主机(host)控制器和若干通过集线器(hub)设备以树形连接的设备组成.一个控制器下最多可以有 5 级 hub,最多可以连接 127 个设备,而一台计算机可以同时有多个控制器.普通的 USB 不能直接连接两个主机,而采用"On The Go"技术的 USB OTG 允许设备既可作为主机,也可作为从机,增加了电源管理功能,从而方便了便携式设备间的数据传输.

5. 厂商定义的单总线

1-wire(也称单总线)是 Maxim 全资子公司 DALLAS 的一项专有技术.它只采用单根信号线,用它既传输时钟又传输数据,而且数据传输是双向的,在采用寄生供电模式时,该信号线还可提供电源.1-wire 具有节省连线资源、结构简单、成本低廉、便于扩展和维护方便等独特的优点.但 1-wire 也有传输距离短、适应面有限

图 7-46　DS18B20 和 HT11 的外形

等不足.最典型的温度传感器 DS18B20 和温湿度传感器 HT11 都采用 1-wire 接口,它们通常有三根连线:信号线、电源线、接地线.带有防水不锈钢外套的 DS18B20 和 HT11 的外形如图 7-46 所示.

6. 以太网(Ethernet)

目前广泛应用的计算机局域网也是基于串行通信原理的,如以太网的传输速率可达 10 Mbps、100 Mbps、1 000 Mbps,传输距离为 100 m,通过互联设备可使传输距离更远,因此,在控制系统中,远距离高速数据传输都离不开计算机网络技术.特别是基于 Ethernet 的工业控制网络体系已成为发展的趋势,这方面的知识可参考数据通信和网络技术.

四、常用传感器

让电子系统感知环境,收集外界的信息变化,是电子工程师一直以来关心的课题.环境参数包括声音、光线、颜色、温度、气味等,通常依靠传感器进行采集.

传感器是能感受被测量并按照一定的规律将其转换成可用信号的器件或装置.它是计算机控制系统中获取外部信息的重要装置.

传感器的种类很多,可检测的物理量也很广,但输出的信号以电量参数的形式为多,如电压、电流、电阻、电感、电容、频率等.

在测控系统中,对输出信号为开关信号、脉冲信号和数字信号的传感器处理比较方便,而对输出信号为模拟信号的传感器,有两种常见的处理方案:一种是制定传感器的标准,另一种是通过专门的部件进行信号转换.前者典型的例子是热电阻和热电偶的工业标准;后者的实例就是采用变送器,通过传感器感知到被测物的物理量,并转换为电信号,以便各种仪表和计算机统一进行处理.

传感器一般由敏感元器件、转换元器件、信号调理与转换电路三部分组成,有时还需外加辅助电源提供转换能量,如图 7-47 所示.敏感元器件是指传感器中能直接感受或响应被测量的部分.转换元器件是指传感器中能将敏感元器件感受或响应的被测量转换成适合于传

输或测量的电信号部分.由于传感器输出信号一般都很微弱,因此传感器输出的信号一般需要进行信号调理与转换、放大、运算及调制之后才能进行显示和参与控制.

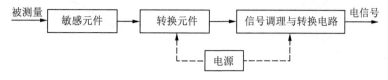

图 7-47　传感器的组成

1. 敏感元器件

(1) 光敏电阻.

光敏电阻即光控可变电阻.当光敏电阻处于黑暗环境中时光敏电阻的阻值较高,当光敏电阻处于明亮环境中时阻值较低.它可以用于光敏检测、光控开关等电路中.

光敏电阻利用特殊半导体材料的光电效应进行工作.由不同材料制成的光敏电阻的敏感波长各异.例如,硫化镉材料对可见光较为敏感,硫化铅材料对红外线较为敏感.一般光敏电阻阻值减小较为迅速(通常为几毫秒),阻值增大较为缓慢(通常为几秒).

硫化镉光敏电阻的实物图、结构图和电气符号如图 7-48 所示.

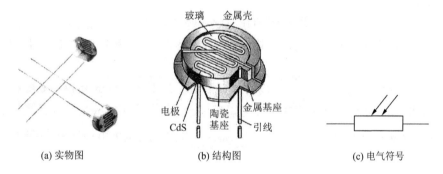

图 7-48　硫化镉光敏电阻的实物图、结构图和电气符号

在一定照度下,加在光敏电阻两端的电压与电流之间的关系被称为伏安特性.图 7-49 中曲线 1、2、3 分别表示不同照度条件下硫化镉光敏电阻的伏安特性曲线.该图中的虚线为允许功率线或额定功率线.

由曲线可知,在给定偏压下,光照度越大,光电流也越大.在一定的光照度下,所加的电压越大,光电流越大,而且无饱和现象.但是电压和电流不能无限地增大,超过器件最高工作电压和最大额定电流时,可能导致光敏电阻永久性损坏.

光敏电阻的光照特性用于描述光电流和光强度之间的关系,绝大多数光敏电阻的光照特性是非线性的,不同光敏电阻的光照特性是不同的,硫化镉光敏电阻的光照特性曲线如图 7-50 所示.所以,光敏电阻一般在自动控制系统中作为开关式光电信号转换器而不宜作为线性测量元器件.

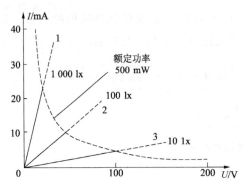

图 7-49　硫化镉光敏电阻的伏安特性曲线　　图 7-50　硫化镉光敏电阻的光照特性曲线

(2) 光敏二极管.

光敏二极管(photodiode)本身具有二极管的单向导电性,但具有一个光敏特征的 PN 结.一般工作时将 PN 结加上反向电压,无光照时,PN 结的反向电阻非常大,光敏二极管处于截止状态;当受到光照时,饱和反向漏电流明显增加,形成光电流,其导通电阻随入射光强度的变化而变化.

(3) 热敏电阻.

所有的电阻材料都存在温度系数,即在不同的温度下材料的阻值会发生变化.在选用定值电阻时,应优先选择温度系数小的电阻,但在一些特殊场合,我们希望使用对温度较为敏感的电阻.

利用材料温度系数较大的特点制成的对温度敏感的电阻称为热敏电阻,常用于测量温度.热敏电阻根据其对温度变化的规律分为正温度系数(positive temperature coefficient,简称 PTC)型热敏电阻和负温度系数(negative temperature coefficient,简称 NTC)型热敏电阻(图 7-51).

　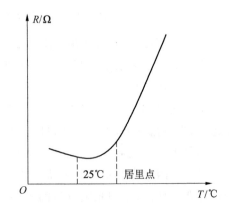

图 7-51　PTC 型热敏电阻和 NTC 型热敏电阻的外形　　图 7-52　PTC 型热敏电阻的特性曲线

① PTC 型热敏电阻.PTC 型热敏电阻在温度升高时阻值增大.但其上升至某一温度前,电阻值几乎恒定,有时略有下降,一旦超过该温度,阻值会呈指数上升,其特性曲线如图 7-52 所示.

PTC 型热敏电阻有时可作为可复位保险丝.PTC 型热敏电阻在刚上电时,可通过较大的电流.通电一段时间后,其自身温度升高,此时电阻值增大,通过的电流减小.这个特性与电机启动时需要大电流、运转时需要电流减小的特性一致.故 PTC 型热敏电阻可用于简易电机控制电路.PTC 型热敏电阻还可以检测电路在超过特定温度的过热异常状态,并可切断电路.一些性能优异的高分子 PTC 型热敏电阻可以用作自恢复保险丝.

② NTC 型热敏电阻.NTC 型热敏电阻在温度升高时阻值下降.NTC 型热敏电阻常用于电子产品的温度传感器中,如检测手机电池的温度.其特性可由下式表示:

$$R_T = R_0 e^{B(\frac{1}{T} - \frac{1}{T_0})}$$

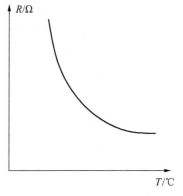

图 7-53　NTC 型热敏电阻的特性曲线

式中,R_T 为周围温度为 T(K)时的电阻值,R_0 为周围温度为 T_0(K)时的电阻值,B 为常数.NTC 型热敏电阻的特性曲线如图 7-53 所示.

(4) 压敏电阻.

压敏电阻是一种非线性电阻器件,是半导体电阻的一种,又被称为浪涌抑制器.压敏电阻对电压敏感,当压敏电阻上的电压低于阈值时其电阻较大,可以等效为断开的开关;当压敏电阻上的电压高于阈值时其电阻较小,可以等效为导通的开关.它常与被保护的器件并联使用.

压敏电阻主要用于限压保护,在电路过压时吸收多余的电流,保护敏感器件.其主要参数有标称压敏电阻、电压比、最大限制电压、残压比、流通容量、漏电流、电压温度系数、电流温度系数、绝缘电阻、额定功率等.

2. 数字式传感器

除了由敏感元器件和模拟电路组成的传感器外,当前数字式传感器应用越来越广泛,我们必须对现有的数字传感器有所了解.

用于实验场合的传感器,如温度、湿度、磁场力、位移、角度、颜色、加速度、角加速度、压力、重量、距离、声音等传感器都有成熟的产品.这些传感器与接口电路组成了传感器模块,还有许多模块将多个传感器集成在一起,使用非常方便.例如,多轴陀螺仪传感器模块,集成了 3 个方向的加速度计、角加速度计、电子罗盘,以及高精度气压传感器(可间接检测高度)和温度传感器,形成惯性导航模块;称重压力传感器通过与 A/D 模块配合,可输出对应重量的数字信号.许多模块还嵌入温度传感器,用于修正温度引起的误差.

(1) 温度传感器.

DS18B20 型温度传感器是 DALLAS 公司生产的单总线数字温度传感器,其测温范围为 $-55 \sim +125$ ℃,电路板尺寸约为 20 mm×10 mm,其外形如图 7-54 所示.

每一个传感器在出厂时拥有唯一的 64 位序列号,在实际使用时可以将多个 DS18B20 模块并联在一根单线总线上,这样仅用一个微控制器即可读取和控制所有测温模块,实现多点测温.

图 7-54　DS18B20 型温度传感器的外形

DS18B20 型传感器内含有两个字节的温度寄存器(用来存储温度传感器输出的数据)、一个字节的上下温度报警寄存器(TH 和 TL)和一个字节的配置寄存器.配置寄存器允许用户将温度精度设为 9~12 位(对应的分辨率分别为 0.5 ℃、0.25 ℃、0.125 ℃、0.062 5 ℃).模块内部内置 EEPROM,用于保存温度报警和配置,掉电后数据不会丢失.

DS18B20 传感器的应用电路如图 7-55 所示,其中工作电压范围为 3.3~5 V,LED 为电源指示灯,DQ 为数据输出引脚.

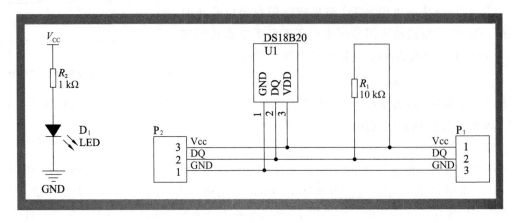

图 7-55 DS18B20 型传感器的应用电路

(2) 温湿度传感器.

DHT11 型温湿度传感器是一款含有已校准数字信号输出的温湿度复合传感器,湿度测量范围为 20%~95%(允许偏差±5%),温度测量范围为 0~50 ℃(允许偏差±2 ℃),工作电压为 3.3~5 V,尺寸为 12 mm×16 mm×6 mm,其外形如图 7-56 所示.

模块包括一个电容式感湿元器件、一个 NTC 测温元器件和一个高性能 8 位单片机.得益于专用的数字模块采集技术和温湿度传感技术,该模块具有可靠性高、响应快、抗干扰能力强、信号传输距离长等优点.

图 7-56 DHT11 型温湿度传感器的外形　　图 7-57 3144E 型霍尔传感器的外形

(3) 霍尔传感器.

3144E 型霍尔传感器(图 7-57)应用霍尔效应原理,内部包含电压调整器、霍尔电压发生器、差分放大器、史密特触发器、温度补偿电路和集电极开路的比较器输出电路,工作电压为 3.3~5 V,输出电流大于 15 mA,常用于电机测速与位置检测.

霍尔传感器感知磁感应强度,输出数字电压信号,当感应到磁场时输出低电平,反之输出高电平.3144E型霍尔传感器具有体积小、灵敏度高、响应速度快、可靠性高等优点.

(4) 角度传感器.

SW-520D型角度传感器(图7-58)内置一个对角度敏感的开关,采用集电极开路的比较器输出,工作电压为3.3～5 V,输出电流大于15 mA,尺寸约为35 mm×15 mm,常用于角度检测和震动检测.

当改变传感器的角度时,输出电平会发生翻转,模块中电位器用于调节灵敏度.

图 7-58　SW-520D型角度传感器的外形

图 7-59　SRF05型超声波距离传感器的外形

(5) 超声波距离传感器.

SRF05型超声波距离传感器(图7-59)可提供2～450 cm的非接触式距离感测功能,测距精度可达3 mm.模块内包含超声波发射器、接收器与控制电路.模块工作电压为5 V,测量频率为40 Hz,尺寸约为45 mm×20 mm×15 mm.

模块工作时首先需要在模块的触发端口(trig)输入10 μs的高电平信号,作为启动信号;随后模块将会从超声波发射器中输出8个40 kHz的方波,同时超声波接收器等待反射回的信号;当收到反射回的超声波信号后,模块接收端口(echo)将输出一个高电平信号作为测量结果,其高电平宽度(时间)乘以声速即为距离(高电平时间与测量距离成正比,也可通过实验校准距离).

(6) 多轴陀螺仪加速度计传感器.

MPU-6050型六轴陀螺仪加速度计传感器(图7-60)是一种高度集成的MEMS器件,将传统的多元器件电路整合进单一的集成芯片,极大地减小了信号传输时延和电路体积.它整合了3轴陀螺仪、3轴加速度计、高性能单片机等模块,经过卡尔曼滤波的姿态融合算法校正,输出消除干扰的角度和角加速度.此外,模块还内置了温度传感器.其工作电压为3～5 V,尺寸约为20 mm×16 mm.

MPU-6050型六轴陀螺仪加速度计传感器的角速度测量范围为±250°/s、±500°/s、±1 000°/s或±2 000°/s,加速度测量范围为±2g、±4g、±8g或±16g,采用串口通信和标准IIC通信协议.

图 7-60　MPU-6050型六轴陀螺仪加速度计传感器的外形

同系列的九轴姿态传感器增加了三轴磁力计,在飞行器中得到了广泛应用.

(7) 红外测距传感器.

红外即红外线,又称红外光,它具有反射、折射、散射、干涉、吸收等性质.任何物质,只要它本身具有一定的温度(高于 0 K),都会辐射红外线.红外线的波长为 750 nm～1 mm.

红外测距传感器是利用红外线的物理性质来进行测量的传感器,具有一对红外发射与接收二极管(或 BJT 三极管),发射管发射特定频率的红外信号,接收管接收这种频率的红外信号,当在红外的检测方向遇到障碍物时,红外信号反射回来被接收管接收.红外测距传感器测量属于非接触式测量,因而不存在接触摩擦,具有灵敏度高、反应快等优点.

SHARP-GP2Y0A21YK 型红外测距传感器的有效测量距离为 10～80 cm,有效测量角度大于 40°,输出的信号为模拟电压,平均工作电流约为 30 mA,供电电压为 4.5～5.5 V(典型值为 5 V),反应时间约为 5 ms,对背景光及温度的适应性较强.

其接口中 V_{CC} 和 GND 端口加载电源电压,V_o 为测距电压输出.通过检测 V_o 信号的输出电压,就可以根据测距-电压关系曲线,获得当前障碍物的距离.测距-电压关系曲线图可以在厂商提供的数据手册中查阅.

图 7-61 显示了 SHARP-GP2Y0A21YK 型红外测距传感器的外形与内部结构.该类传感器集成了位置感应探测器(position sensitive detector,简称 PSD)、红外发射二极管(intrared light emitting diode,简称 IRLED)和信号处理电路.

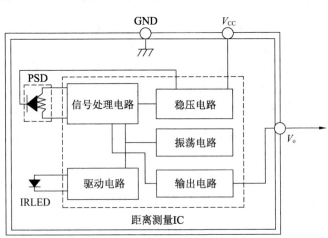

图 7-61 SHARP-GP2Y0A21YK 型红外测距传感器的外形与内部结构

SHARP 红外测距传感器有如下不同的型号序列.
- SHARP-GP2D02 型(串口输出):探测范围为 10～80 cm.
- SHARP-GP2D05 型(数字输出):探测范围为 24 cm.
- SHARP-GP2D12 型(模拟输出):探测范围为 10～80 cm.
- SHARP-GP2D15 型(数字输出):探测范围为 24 cm.
- SHARP-GP2D120 型(模拟输出):探测范围为 4～30 cm.
- SHARP-GP2Y0A21YK 型(模拟输出):探测范围为 10～80 cm.
- SHARP-GP2Y0D02YK 型(数字输出):探测范围为 20～80 cm.

五、常用执行器

执行器通常又称为驱动器、激励器、调节器等,它是驱动、传动、拖动、操纵等装置、机构或元器件的总称.

如把控制系统看作一个信息系统,则执行器完成的是信息施效.执行器将控制信号转换为相应的物理量,如产生动力、改变阀门、移动其他机械装置、改变能量或物料输送量.

电机是把电能转换成机械能的装置,是重要的执行器.电机种类繁多,按电源类型,可分为直流电机和交流电机两大类.常见的直流电机包括有刷电机、无刷电机、步进电机等.下面重点介绍直流有刷电机、步进电机和伺服电机.

1. 直流有刷电机

直流有刷电机是所有电机的基础,它具有启动快、制动及时、调速平滑、控制电路相对简单等特点.

小型直流电机广泛应用于各种小型传动部件中,如录音机、录像机、电动玩具、电动剃须刀等.如无特别说明,本书所提到的直流电机均指直流有刷电机,其结构如图 7-62 所示.

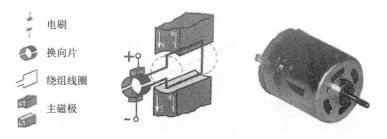

图 7-62　直流有刷电机的内部结构

直流电机由定子和转子两大部分组成.直流电机运行时静止不动的部分称为定子,定子的主要作用是机械固定和产生磁场,其由主磁极、电刷装置、机座和轴承等组成.运行时转动的部分称为转子,其主要作用是产生电磁转矩和感应电动势(发电机),它是直流电机进行能量转换的枢纽,通常又称为电枢,由转轴、电枢铁心、电枢绕组线圈和换向器等组成.直流电机驱动模块的外形如图 7-63 所示.

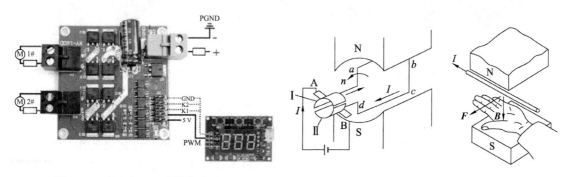

图 7-63　直流电机驱动模块的外形　　　图 7-64　直流电机的工作和受力原理

图 7-64 展示了直流电机的工作状况.初始阶段,换向片Ⅰ与电刷 A 连接,换向片Ⅱ与电刷 B 连接,此时给两个电刷加上直流电源,则在转子绕组线圈中有直流电流从电刷 A 流入,

经过线圈 abcd,从电刷 B 流出,由左手定则判定,导体均受到逆时针转动转矩,使得转子逆时针转动.当转过180°时,换向片Ⅱ将与电刷 A 连接,换向片Ⅰ将与电刷 B 连接,此时依然受到逆时针转动力矩,读者可自行分析其受力情况.

图 7-65 是 JA12-N20 型减速直流电机的外形,该电机除了直流电机部分外,还包括减速齿轮部分.减速齿轮可以有效地提高输出力矩.在 6 V 供电电压下,根据不同的减速比,可以使该电机获得 50~500 r/min 的转速.

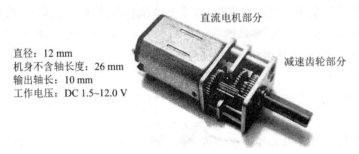

图 7-65　JA12-N20 型减速直流电机的外形

小型直流电机也可组成简单的伺服电机系统,其速度控制可采用脉宽调制 PWM 技术,位置控制使用编码器.

2. 步进电机

步进电机是将电脉冲信号转变为角位移或线位移的开环控制电机(图 7-66).在非超载的情况下,电机的转速、停止的位置只取决于脉冲信号的频率和脉冲数,而不受负载变化的影响.当步进驱动器接收一个脉冲信号时,它就驱动步进电机按设定的方向转动一个固定的角度,称为步距角.它的旋转是以固定的角度一步一步运行的(也可采取一些特殊的控制方式将一步分解成多步运行).可以通过控制脉冲个数来控制角位移量,从而达到准确定位的目的;同时,可以通过控制脉冲频率来控制电机转动的速度和加速度,从而达到调速的目的.

图 7-66　步进电机与驱动模块的外形　　　图 7-67　打印机与步进电机的外形

通常步进电机的扭矩较小,并且速度越快,扭矩越小,一旦超载将出现丢步的情况,故一般用于负载较小的场合.步进电机在数控机床、自动送料机、磁盘驱动器、打印机和绘图仪等装置中有广泛的应用.例如,低负载但需要高精度的打印机,纸张必须以精确的距离往上滚动,打印头也必须以精确的距离侧向运动.打印机和步进电机的外形如图 7-67 所示.

3. 伺服电机

伺服一词含有跟随、服从含义,由伺服电机作为执行器的伺服系统,可跟随人们所期望的位置、速度和力矩要求进行运动.这依赖于伺服电机内置的编码器,编码器每旋转一定的角度,就会发出对应数量的脉冲,控制系统可以感知电机实际转动的情况,从而与给定的转动指令进行对比,形成闭环,实现精准控制.

和步进电机一样,伺服电机可把电信号转换成电机轴上的角位移或角速度输出,实现对速度、位置的控制.与步进电机不同的是,伺服电机拥有较强的过载能力,在过载时可爆发出数倍于额定转矩的最大转矩.

伺服电机具有惯性小、控制精度高的特点,价格昂贵,一般用于精密设备、高档机床和机器人等场景.其外形如图 7-68 所示.

图 7-68　伺服电机的外形

第8章 物理实验中的单片机与嵌入式系统简介

8.1 初识单片机与嵌入式系统

一、单片机的组成及工作原理

1. 单片机的组成

单片机是单片微型计算机的简称,也就是在一个半导体芯片上集成的计算机.单片机包含了微型计算机的各基本部件,如中央处理器(CPU)、存储器、I/O 接口、定时/计数器和相互连接的总线等(图 8-1).存储器分为只读存储器(read-only memory,简称 ROM)和随机存取存储器(randam access memory,简称 RAM).

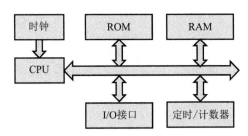

图 8-1　单片机结构框图

2. 单片机的工作原理

单片机的工作原理与电子计算机的工作原理一样,两者都可看成是信息处理的机器,而信息都是以数据的形式来表示的.电子计算机中的数据又是用电子信号表示的,电子信号通常就是电路中电压或电流这些物理量随时间变化的函数.

计算机与外部 I/O 接口数据的输入/输出、内部 CPU 中的数据运算、存储器与其他部件之间的数据传输等,都受指令的控制,而这些指令与其处理的数据一样,都存放在存储器中.不同指令序列可完成不同的功能,如数据的输入/输出、数据的运算、数据的传输,这些指令序列也被称为程序.

计算机在时钟信号的驱动下,从存储器中取出指令,再执行指令,就能自动完成一系列的操作.因此,单片机的工作原理也可归结为"存储程序+程序控制".

由于程序可作为数据来处理,所以计算机的功能非常强大,并不断完善,计算机甚至可通过学习积累,不断优化自身的功能,成为具有一定"智能"的信息处理机器.

目前绝大部分电子计算机都属于数字计算机,存储器中的数据和指令都以二进制的形式存放.存储器的一个存储单元通常为一个字节(Byte,即 8 位二进制位),可以表示 2^8 个不同的数.通常一条指令用一个或多个字节的二进制代码来表示.

3. 单片机的性能指标

单片机的性能指标主要受到空间和时间两个方面的限制,即存储空间的大小和运行的速度.单片机的存储空间通常为几十千字节至几兆字节.单片机的运行速度可以用时钟频率或单位时间内执行的指令数来表示,时钟频率为几兆赫至上百兆赫,每秒执行的指令数为数百万条至数千万条.

单片机的处理能力还与它进行数据操作的二进制位数有关,常见的 8 位单片机进行加减乘除的指令主要面向 8 位二进制数进行,数据总线的宽度也是 8 位.

另外,单片机包含的功能部件(如 I/O 引脚的数量、通信接口的类型和数量、定时/计数器的数量、数字/模拟转换 DAC、模拟/数字转换 ADC 等)也会影响单片机的性能.

4. 常见单片机及应用

20 世纪 80 年代,Intel 公司先后推出了 8 位的 MCS-48 和 MCS-51 单片机,其后许多公司推出了兼容 MCS-51 系列的单片机(简称 51 单片机或 8051 单片机),其中比较有影响的公司有 Winbond 公司、Philips 公司、Atmel 公司、DALLAS 公司、Infineon 公司、Cygnal 公司、STC 公司等.其中,STC 公司坚持常年努力研发,不断完善和提高 MCS-51 兼容单片机的性能,为广大用户提供了丰富的产品系列.

经典的 MCS-51 单片机型号为 8051 和 8052,后者的存储器空间比前者要大些,二者的引脚和外部逻辑图如图 8-2 所示,内部结构框图如图 8-3 所示.常见单片机的封装有 PDIL20、PDIL40、PLCC44、TQFP64 引脚(图 8-4).

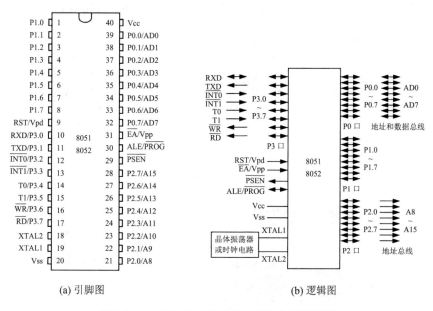

(a) 引脚图   (b) 逻辑图

图 8-2   8051/8052 单片机的引脚和外部逻辑图

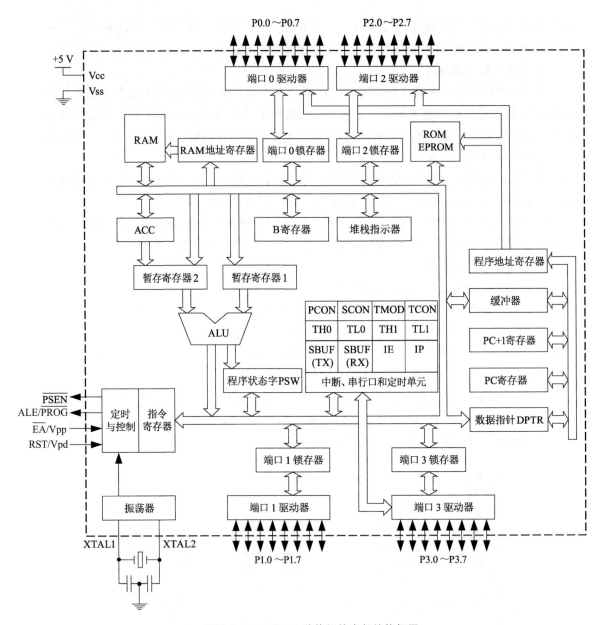

图 8-3　8051/8052 单片机的内部结构框图

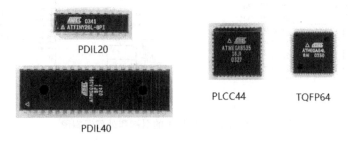

图 8-4　常见的几款单片机封装

二、嵌入式系统及微控制器

1. 嵌入式系统

嵌入式系统(即嵌入式计算机系统)可看作是嵌入某个应用对象内的专用计算机系统.相对于通用计算机(如台式机和笔记本电脑),其功能与某个特定的应用密切相关,其性能也与具体的应用环境有关,如可靠性、实时性、适应性、成本、体积、功耗等会有特殊的要求.嵌入式系统仍是一个计算机系统,其组成及原理与普通计算机相同,但其硬件、软件可根据应用要求进行裁剪,以满足更高的性价比.

嵌入式系统的应用领域非常广泛,凡是能利用计算机来进行信息处理的场合都有嵌入式系统,在通信、家电、工业控制、仪器仪表、汽车、医疗设备等都有嵌入式系统.许多物理实验仪器也越来越多地使用嵌入式系统.

2. 微控制器

嵌入式系统的核心部件是嵌入式处理器,也称微控制器,许多8位的单片机也可看成是一种简单的微控制器.高端的微控制器通常是32位,甚至64位.目前许多芯片厂商的微控制器都采用 ARM 精简指令集(RISC)处理器架构.

安谋控股(ARM)公司是全球领先的半导体知识产权提供商,其商业模式主要涉及产品的设计和许可,而非生产芯片或销售芯片.ARM 公司设计了一系列的微处理器,以适应不同的应用场合.从智能手机、智能家电、机器人,到电脑外设(硬盘、路由器)及许多工业控制产品中,都能看到基于 ARM 架构的微控制器.

ARM 公司提供开放式操作系统的高性能处理器 Cortex-A 系列、嵌入式处理器 Cortex-R 系列和 Cortex-M 系列. Cortex-A 系列支持执行复杂操作系统(如 Linux、Android/Chrome、Microsoft Windows CE 和 Symbian)和复杂图形用户界面;Cortex-R 系列面向实时应用;Cortex-M 系列面向低成本、具有确定性功能的应用.嵌入式处理器通常执行实时操作系统(real-time operating system,简称 RTOS)和用户开发的应用程序代码.不同性能和功能的 ARM 架构处理器可以满足不同的需求,其体系结构分布如图 8-5 所示.

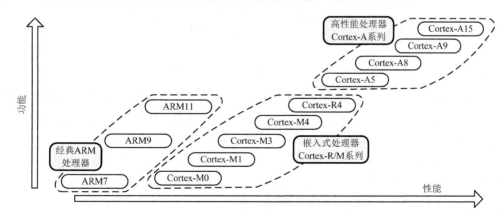

图 8-5 ARM 架构处理器的体系结构分布

8.2 常见开发板与开发环境

一、常见开发板及实例

1. 51 系列单片机开发板

(1) LY-51S 开发板.

LY-51S 开发板是一款基于 51 系列单片机的开发板,特别适合自学和实验练习.LY-51S 开发板的外形如图 8-6 所示(由德飞莱公司提供).LY-51S 开发板各部件介绍如下.

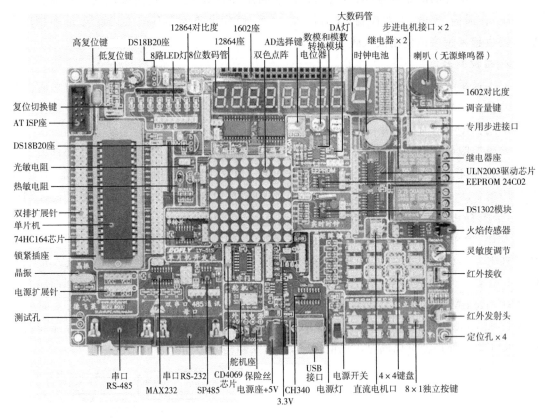

图 8-6　LY-51S 单片机开发板的外形

① 单片机系统模块.其支持 40 脚 DIP 封装 51 系列单片机实验;通过扩展转换板实现其他单片机最小系统板的搭建;通过双排针引出所有 I/O 引脚,可以和开发板上的其他模块连接组合实现不同功能.通过锁紧插座可作为编程器使用,可以批量烧写芯片.

② 显示模块.开发板上有多种显示器件和接口.包括 8 路 LED 灯模块、1 个共阳 LED 数码管、8 个共阴 LED 数码管、1 个 8×8 双色点阵 LED 模块、西文字符 LCD 液晶显示 1602 模块驱动接口、点阵 LCD 液晶显示 12864 模块驱动接口.

③ 按键和红外遥控接收和发射模块.开发板上有多种按键和红外遥控接收发射模块.包括提供低电平和高电平两种复位的按钮、8 路独立按键(允许多个按钮同时按下)、4×4 矩阵键盘、1 路一体化红外集成接收头(用于接收红外遥控器信号)、1 路红外发射头(用于发射红外信号).

④ 传感器模块.开发板上有多种传感器模块,可采集多种物理信号.其包括2路单总线的数字温度传感器DS18B20、光敏电阻、热敏电阻、火焰传感器等模块.

⑤ 执行器驱动模块和接口.开发板上含有2路ULN2003驱动芯片,可提供2路继电器、2路直流电机、2路步进电机驱动,并有相应的插座,还带有1个无源蜂鸣器,可作为声音报警.开发板上含有2路大功率继电器模组,可以直接接入220 V设备,可通过单片机来控制.

⑥ 通信接口.开发板上含异步串行接口RS-232和RS-485,便于与许多外部设备连接.开发板上带有USB接口,可给整个开发板供电、下载程序,实现与上位机(如PC)的串口通信.

⑦ 其他模块.开发板上还有许多其他模块,如数模(D/A)/模数(A/D)转换模块、实时时钟DS1302模块(带备用纽扣电池,掉电时仍能工作)、CMOS六非门CD4069芯片、八位串并转换74HC164芯片、外部电源插座(也可使用USB电源)和开关、AT单片机ISP下载接口(用于Atmel单片机下载程序)、STC单片机Auto-ISP插件扩展(用于STC单片机下载程序)等.

LY-51S开发板还提供了集成开发环境、芯片资料、视频教材,以及丰富的样例程序.详细资料可从网上找到.

(2) 单片机最小系统LY-mini-51C.

LY-mini-51C包括单片机芯片STC89C52(QFP44封装)、可更换的晶振(默认12 MHz)、1个复位按键、1个3.3 V稳压芯片、1个电源开关、1个5 V电源插座、4组5.5 V电源输入/输出插针、2个3.3 V输出插针、单片机所有标准I/O口(使用双排针,方便扩展)、1组串口TTL下载接口排针、8个贴片LED演示灯、1个电源指示灯.其外形如图8-7所示(由德飞莱公司提供).

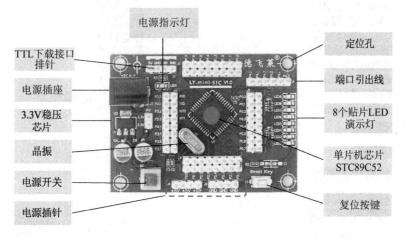

图8-7　单片机最小系统LY-mini-51C

利用单片机最小系统LY-mini-51C,可以根据需要灵活扩展输入/输出接口,如按键、指示灯、数码显示器、电机驱动等,并能形成小巧的应用系统.单片机最小系统LY-mini-51C也提供了相应的集成开发环境、芯片资料及丰富的样例程序.

2. STM32开发板

(1) 安富莱STM32-V6开发板.

STM32-V6开发板的MCU采用STM32F429芯片,开发板上集成了丰富的外围部件,其外形如图8-8所示,模块框图如图8-9所示(由安富莱公司提供).

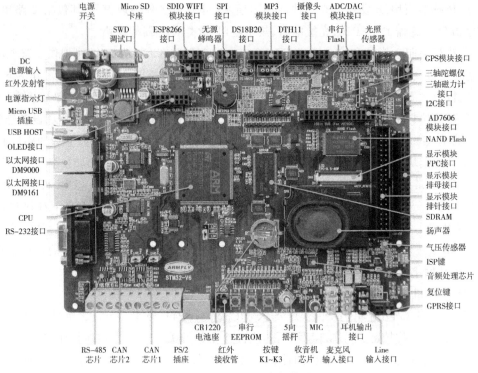

图 8-8 STM32-V6 开发板的外形

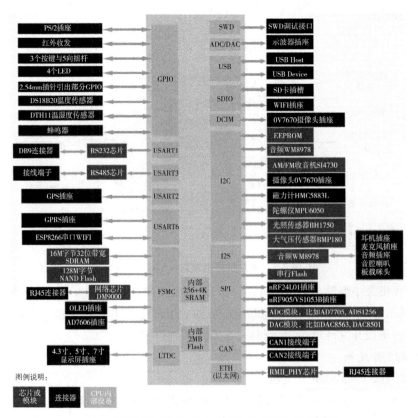

图 8-9 STM32-V6 开发板上 STM32F429 模块框图

STM32-V6 开发板主要性能指标如下：MCU 为 Cortex-M4 内核，主频为180 MHz；内部 FLAMCUSH 为 2 MB；内部 SDAM 为(256＋4) KB；资源丰富，内置 3 个独立 ADC (analog-to-digital converter)，2 个独立的 DAC(digital-to-analog converter)，1 个通用 DMA，多达 17 个定时器，若干个 SPI、IIC.

STM32-V6 开发板提供了丰富的外围模块和接口，如多种传感器、网络接口、USB 接口和 LCD 显示器等.还提供了相应的集成开发环境、芯片资料、非常丰富的样例程序及咨询交流平台.

(2) STM32F103C8T6 最小系统.

某 STM32F103C8T6 最小系统的外形如图 8-10 所示，其配套芯片为 STM32F103C8T6，主频为 72 MHz，片内 FLASH 容量为 64 KB，片内 SRAM 容量为 20 KB，有 37 个 I/O 引脚引出，方便扩展.板上含有 Micro USB 接口(供电和串口)、1 个电源指示灯、1 个用户指示灯、SWD 调试接口、1 个复位按键、1 个主晶振、1 个 BOOT 选项卡、1 个实时时钟 RTC 晶振.尺寸仅为 23 mm×53 mm，价格也非常低廉.可以根据需要灵活扩展输入/输出接口，形成小巧而功能强大的应用系统.

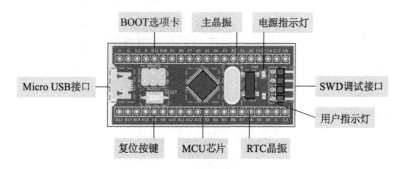

图 8-10　某 STM32F103C8T6 最小系统的外形

二、开发环境

开发环境实际上是一套软件系统，也称集成开发环境(integrated development environment，简称 IDE)，它把代码编辑器、编译器、解释器和调试器等整合到一个图形用户界面中. 它集成了代码编写功能、分析功能、编译功能、调试功能等.单片机和嵌入式系统的开发环境主要提供如下功能：

(1) 编写程序(如文字编辑器).

(2) 汇编(将汇编语言编写的程序转换为机器的指令)或编译(将高级程序设计语言，如 C 语言，转换为机器的指令).

(3) 程序下载[将机器指令(也称机器码)下载到单片机芯片中].

(4) 程序调试(控制单片机程序的运行、暂停、单步执行、设置断点等，查看寄存器、存储器和接口的数据).

(5) 其他辅助功能(如样例程序、函数库、初始化程序等).

1.51 系列单片机开发环境

目前许多 51 系列单片机开发环境采用了 STC-ISP 在线编程软件和汇编编译器.

宏晶科技(STC)公司对 Intel 8051 单片机一直进行持续不断的技术升级和创新,提供了许多兼容 51 系列的单片机.STC 单片机提供了 ISP(in-system programming,在系统可编程)电路.通过 ISP 电路可以将 STC 单片机中的 Flash 程序存储器内容擦除或将最终用户代码写入,不需要从电路板上取下 STC 单片机器件,也不需要专门的写入器,所以 STC 单片机可以采用贴片封装.其他单片机也可利用 ISP 转接下载板下载程序,这样大大方便程序下载.

STC-ISP 在线编程软件界面如图 8-11 所示.STC 除了提供丰富的单片机芯片外,还提供了丰富的开发资料.

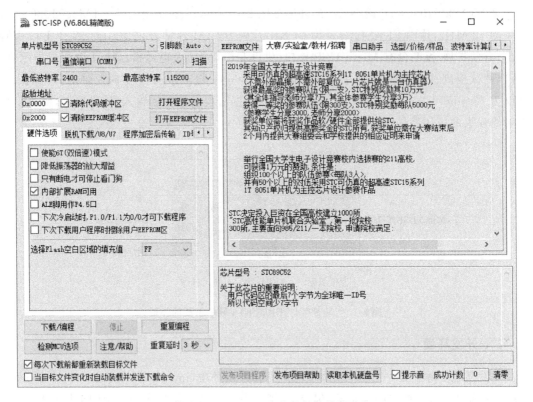

图 8-11　STC-ISP 在线编程软件界面

51 单片机的汇编和编译器通常采用 Keil 平台的开发环境,其中包含了语法和向导的文本编辑器.

2. STM32 开发板的开发环境

STM32 系列产品是 ST 公司基于 ARM 内核的 32 位 MCU,ST 公司列出的开发环境如图 8-12 所示.其中包括 STM32CubeMX、IAR、ARM Keil、ARM mbed,其中 ARM 公司的 Keil 平台不仅适用于 ARM 内核的芯片,也适用于 51 单片机开发环境,其界面如图 8-13 所示.

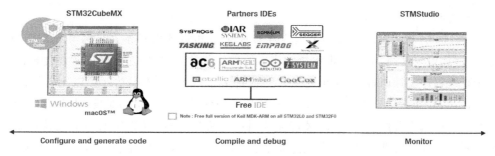

图 8-12　ST 公司列出的开发环境

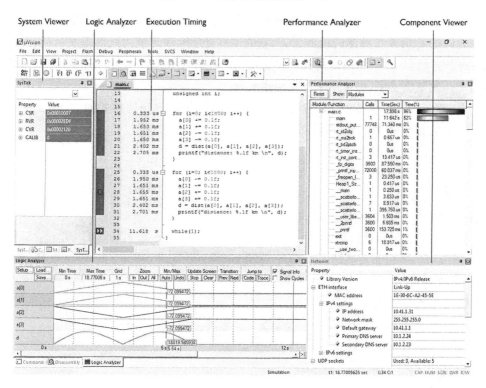

图 8-13　ARM 的 Keil 集成开发环境界面

开发环境的硬件包括个人 PC(台式或笔记本电脑)、开发板、调试器或下载器(有时安装在开发板上,或者集成在 MCU 芯片中)、电源、相关外设及通信接口,开发环境的硬件连接示意图如图 8-14 所示。

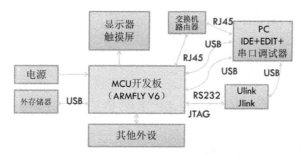

图 8-14　开发环境的硬件连接示意图

3. 汇编语言与 C 语言

51 系列单片机程序可以使用汇编语言来编写,也可以使用 C 语言来编写.前者与机器的指令对应,运行效率高,但每条汇编语句完成的操作非常简单,编写复杂的程序比较困难.后者属于高级程序设计语言,一条语句可以对应许多条指令,完成的功能可以比较复杂,编写效率比较高,并能适用于模块化设计,但对底层的硬件操作有一定的难度.另外,用 C 语言编写的程序需要编译程序进行编译,才能生成可执行程序,对编译程序的要求比较高.好在许多编译器(如 Keil)都非常优秀,无论是简单的程序还是复杂的程序,其编译质量和效率都非常高.

C 语言是一种结构化语言,有着清晰的层次,可按照模块的方式编写程序,这十分有利于程序的调试.C 语言与具体的机器无关,它的语言处理和表现能力既简单又灵活,可以轻易完成各种数据结构的构建,通过指针类型更可对内存直接寻址及对硬件直接操作,因此它既能够用于开发系统程序,也可用于开发应用软件.

C 语言程序通过一种名为"函数"的构造来实现其功能,其语法格式如下:

    函数类型 函数名(函数参数表){
      //算法说明
      语句序列
    }//函数名

其中,双反斜杠"//"后面的是注释,不影响编译.

C 语言中的算术和逻辑运算符有:+、-、*、/、^、&、|、%、&&、||、!、++、--、<<、>>.C 语言中的语句非常简洁,主要有以下几种:

① 赋值语句.
    变量名=表达式;
或者 变量名 1=变量名 2=…=变量名 k=表达式;
或者 变量名=条件表达式 1?表达式 2:表达式 3;

② 选择语句.
    if(表达式)语句;
    if(表达式)语句;else 语句;
或者 switch(表达式){
      case 值 1:语句序列 1;break;
      …
      case 值 n:语句序列 n;break;
      default:语句序列 n+1;break;
    }

③ 循环语句.
    for(赋初值表达式;条件;修改表达式序列)语句;
或者 while(条件)语句;
或者 do{语句序列}while(条件);

④ 结束语句.
  return [表达式];
或者 return;   //函数结束语句
或者 break;   //case 结束语句
或者 exit(异常代码); //异常结束语句
⑤ 输入和输出语句.
  输入语句:
    scanf([格式串],变量 1,…,变量 n);
  输出语句:
    printf([格式串],表达式 1,…,表达式 n);
⑥ 注释.
  //文字序列
或者 / * …… * /

三、开发过程

1. 一般开发过程

单片机或嵌入式系统作为一个计算机系统,其开发过程与软件系统的开发过程类似,可以分为三个时期,即计划(定义)、开发(设计)和运行(维护),也可分为六个阶段,即规划、分析、设计、编码、测试和维护.

一个开发过程可看作若干个活动的集合,一个活动可看成若干个任务的集合,一个任务可看成若干个加工的集合.所以开发过程需要学会对任务和加工进行分解.

一个开发过程可以遵循一定模型来展开,常见的有:

(1) 线性顺序模型,即传统生存周期模型或瀑布模型.

(2) 快速原型模型,即从一个简单的"原型"开始,强调增量、复用.

(3) 螺旋过程模型,即螺旋上升、演化软件过程模型,强调交流、计划、风险分析、评估.

对初学者来说,可以从简单的程序开始练习,也可以结合某个应用的样例程序开始,循序渐进学习.

2. 从"0"开始模式

以 Keil 开发环境为例,从"0"开始模式的操作步骤如下:

(1) 明确一个具体的任务,如输出"Hello!".

(2) 生成工程(Project),选择芯片 Device,进行配置.

(3) 生成编辑源程序(Edit),通常为一个源程序文件[对 C 语言程序,包含 main()函数].

(4) 编译(Build).

(5) 下载(Download).

(6) 调试(Debug),观察效果(对具有在线应用编程的芯片,可直接调试硬件;否则可选择模拟仿真).

3. 从"*"开始模式

从"*"开始模式的操作步骤如下：

(1) 选择一个合适的样例工程,其中包括若干个模块程序,了解其功能.

(2) 打开工程(Project),了解所选芯片 Device 和已有的配置.

(3) 打开编辑器(Edit),找到主程序[对 C 语言程序,包含 main()函数的文件],了解工程的各文件及其调用关系.

(4) 运行程序,包括编译(Build)、下载(Download)和运行(Run).

(5) 调试(Debug),观察效果(硬件调试由 reset 启动后观察,软件模拟仿真需要切换到 Debug).

(6) 退出调试状态,回到源程序编辑状态,修改部分功能,重复步骤(4)和(5),直至修改完毕.

第 9 章　单片机及电子设计应用案例

9.1　案例 1　声音信号的产生与观测

一、信号的产生与观测实验

使用信号发生器产生一个 1 kHz 的正弦波信号,幅度为 5 V,按图 9-1 所示连接,使用示波器分别观测节点 A 和节点 B 的信号.

测试步骤如下.

(1) 使用信号连接线将信号发生器和示波器相连.把黑色信号线(地)接在一起,红色信号线(信号)接在示波器探头上(A 点)输入示波器的 CH1 通道.注意:信号发生器的红黑端子不可短接.

(2) 选用电阻 R_1 和电容 C_1,构成串联电路,按图 9-1 所示连接,其中 A 点为串联电路的信号输入端,B 点为信号响应端(测试端),接入示波器的 CH2 通道.

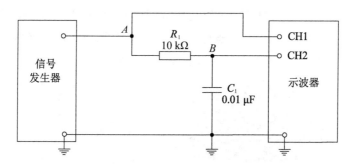

图 9-1　信号的产生和观测

(3) 调节信号发生器,使之产生频率为 1 kHz 的正弦波.

(4) 调节示波器水平调节(时间)旋钮和垂直调节(幅度)旋钮,正确调节触发设置,观测信号发生器产生的波形.初学者可以使用 Auto 按键自动扫描观察.

(5) 变换信号波形、幅度、频率、直流偏置等参数,观察并记录测试结果.理解频率、幅度、峰峰值、直流偏置的意义.

二、声音的产生实验

(1) 使用信号发生器产生若干 100 Hz～2 kHz 的正弦波信号,峰峰值不超过 2 V,无直流偏置.

(2) 用上述信号驱动扬声器,记录扬声器的发声效果.

(3) 变换信号发生器的输出波形(方波),记录方波驱动的声音效果,并分析其与正弦波信号之间的差异及引起差异的原因.

三、声音的接收实验

(1) 搭建一个声音接收电路,按图 9-2 所示焊接,用直流稳压电源供电.

(2) 使用示波器观测并记录图中 V_{out} 端采集到的声音信号,记录波形和频率.在电路连接过程中,注意共地.

(3) 变换信号发生器的输出波形(方波),观察 V_{out} 端是否会发生变化.

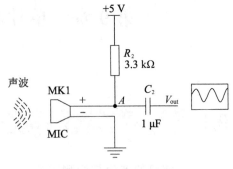

图 9-2 声音接收电路

注意:由于实验中声采集电路不具备信号放大功能,在采集声音信号时,需要将话筒靠近扬声器放置.

9.2 案例 2 灰度传感器的原理与应用

一、理论准备

(一) 灰度传感器简介

由光敏电阻和发光二极管(LED)可以构成灰度传感器.如图 9-3 所示,该灰度传感器通过二极管发出光线,经平面反射后,光敏电阻接收反射光线.由于反射光线强弱与平面的颜色有关,所以灰度传感器可以检测与平面颜色相关的参数.

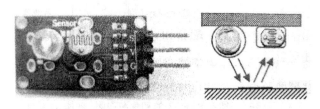

图 9-3 灰度传感器

灰度传感器常常作为寻迹小车的路径识别传感器.图 9-4 是灰度传感器在寻迹小车上的

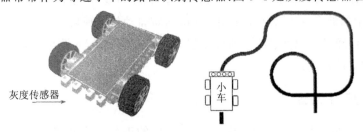

图 9-4 灰度传感器在寻迹小车上的应用示意图

应用示意图.将传感器安装在小车前部,用于探测在白色背景上的黑色引导线.

当灰度传感器探测到白色背景时,反射的 LED 光较为强烈,此时光敏电阻阻值较小;当灰度传感器处于黑色引导线上时,反射光较弱,光敏电阻阻值较大.根据光敏电阻阻值变化的情况,配合相关电路,即可确定小车的位置,从而正确引导小车寻迹运行.

1. 由光敏电阻构成的灰度传感器

图 9-5 是由光敏电阻构成的灰度传感器工作电路原理图,R_3 和 D_1 构成 LED 发光电路,发光强度可以通过 R_3 的阻值调节,一般控制通过 LED 的电流不超过 20 mA.R_4 和 R_{L_1} 构成光敏电阻分压电路.当灰度传感器接收较强的反射光时,R_{L_1} 阻值变小(小于 1 kΩ),使得 Output1 端的电压为接近于零电平(小于 0.5 V);而当灰度传感器接收较弱的反射光时,R_{L_1} 阻值增大(大于 1 MΩ),Output1 端可获得接近于电源 +5 V 的电压.这样高低两个电压也常被称为高电平和低电平,可以被后续电路加以利用,以区分检测到的相关信息.

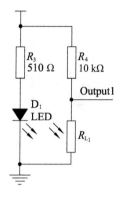

图 9-5 灰度传感器工作电路原理图

2. 由红外二极管构成的灰度传感器

由光敏电阻构成的灰度传感器易受环境光的影响,因而多使用红外接收二极管替代光敏电阻以克服这一缺点,同时使用红外发射二极管替代 LED,构成红外灰度传感器.

红外发射二极管和红外接收二极管构成一对红外对管,可以发射和接收特定波长的红外线,在各种家用电器的遥控接收器中得到广泛应用.红外发射二极管的外形和普通 LED 并无特别差异;而红外接收二极管其导通电阻特性类似于光敏电阻,如图 9-6(a)所示,其中浅色 LED 为红外发射二极管,深色 LED 为红外接收二极管.

工作时,红外发射二极管发射红外线,通过平面反射后,红外接收二极管接收红外线.当反射光线较强时,红外接收二极管导通电阻变小;反之,当红外线较弱时,红外接收二极管导通电阻增大,趋向于截止状态.

利用红外发射二极管和红外接收二极管,可以制作红外灰度传感器,如图 9-6(a)所示,可以有效避免可见光干扰.图 9-6(b)是该模块的电路原理图,D_3 为红外接收二极管,D_2 为红外发射二极管.有时也使用图 9-6(c)的形式,其中 Q_1 为红外光敏三极管,其作用同红外接收二极管.

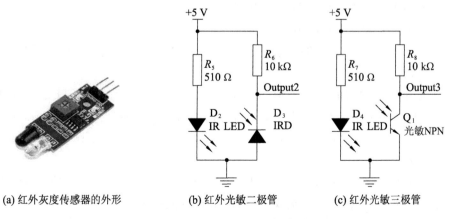

(a) 红外灰度传感器的外形　　(b) 红外光敏二极管　　(c) 红外光敏三极管

图 9-6 由红外对管构成的灰度传感器及其电路原理图

(二) 集成灰度传感器的应用

1. 简介

TCRT5000 是目前比较常用的集成灰度传感器,它集成了一对红外对管. TCRT5000 器件实物与内部结构原理图如图 9-7 所示,图中 C、E 是红外接收管的两个电极,分别为集电极和发射极.

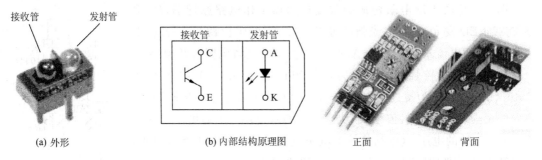

图 9-7 TCRT5000 灰度传感器的外形与内部结构原理图　　图 9-8 TCRT5000 电路模块示意图

图 9-8 是由 TCRT5000 构成的灰度传感器模块,模块中的元器件都使用了较小的封装形式,因而体积小巧.

2. 应用电路

图 9-9 是由 TCRT5000(U_1)、LED 发光二极管(D_5)、电阻(R_9 和 R_{10})构成的红外灰度传感器测试电路,可以直观检测 TCRT5000 的工作效果:用白纸作为反射面,当白纸靠近灰度传感器时,LED 灯亮;否则熄灭.

(1) 发射支路的测算.

测试电路中 R_9 与 TCRT5000 的红外发射管连接,构成红外线发射支路,其中 R_9 为限流电阻.由数据手册可知,TCRT5000 发射管的极限电流是 60 mA,因而需要选择适当的 R_9 值,控制 TCRT5000 发射管电流在安全范围内,但也不能使 TCRT5000 电流太小而影响测试灵敏度.一般地,发射管的电流控制在 30～40 mA 比较适宜.

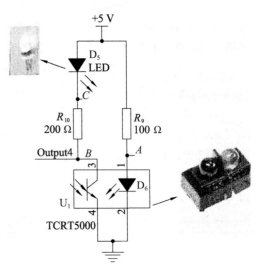

图 9-9 TCRT5000 测试电路原理

在估算电流时,需要考虑红外发射管的导通压降.由数据手册知,TCRT5000 红外发射管的导通压降的典型值是 1.25 V(比一般二极管的导通压降典型值 0.7 V 要大),因而该支路电流大约为 $(5-1.25)/100$ A $= 0.037\,5$ A $= 37.5$ mA,可以满足要求.

(2) 接收支路的测算.

测试电路中的接收支路由 LED(D_5)、电阻 R_{10} 与红外接收管串联.当红外发射管发出的红外线反射到红外接收管时,红外接收管导通,LED 发光指示.而当没有反射光到达红外接收管时,红外接收管处于截止状态,呈现很大的电阻,LED 熄灭.由此可以指示 TCRT5000

的工作状态.

对接收支路的电流进行测算.一般 LED(D_5)的导通电流控制在 10~20 mA 比较合适,TCRT5000 的红外接收管最大电流 I_{CE} 可达 100 mA,因而 R_{10} 主要用于限制 LED 的最大导通电流.由数据手册可知,当该支路中红外接收管充分导通时,U_{CE} 压降最小约为 0.3 V,LED(D_5)的压降估计为 1.7 V(根据材质的不同,LED 导通压降通常为 1.5~2.0 V),这时,流过支路的电流大约是 (5−0.3−1.7)/200 A=0.015 A=15 mA.

3. **需要改进的地方**

实际使用的灰度传感器有时需要给后级电路提供一个确定的输出信号,如在小车识别黑色引导线的时候,该信号能够明确指示目前探测到的是白色背景还是黑色引导线.电子电路中一般使用高电平(+5 V 或接近+5 V)和低电平(0 V 或接近 0 V)来表示这类信号.因而,总是希望该灰度传感器可以直接输出高电平或者低电平.那么具体情况是怎么样的呢?

图 9-9 所示的测试电路中 LED(D_5)的亮灭可指示工作状态,但输出端 Output4 并不能输出符合规格的高电平或者低电平.对实际电路的电压进行测试,如图 9-10(a)所示,当 LED 熄灭时,B 点(Output4)电压为 3.20 V;如图 9-10(b)所示,在白纸反射下,LED 发光,此时 B 点电压为 2.64 V,这两个电压并不符合高低电平的一般要求.因此上述测试只是比较适合进行功能验证.

具体应用电路该如何修改,后续章节会一并考虑.

(a) LED 熄灭时的输出电压　　(b) LED 发光时的输出电压

图 9-10　电压测试结果

二、实验内容和要求

1. **光敏电阻性能的定性测量**

自拟方案,测量光敏电阻在不同光照条件下的阻值变化,并绘制表格.

提示:方案要求至少能够测定 5 个等级的光照强度,可以合理利用遮光物件,体现出等级差.

2. **灰度传感器的测试**

(1) 参照图 9-9,焊接 TCRT5000 红外灰度传感器测试电路,并正确加载电源电压.焊接时注意元器件布局合理、焊点饱满不虚焊、电源端使用排针引出、测试点易于测表笔接触等.

(2) 在正常通电情况下,对测试图 9-9 中的 A 点、B 点、C 点的电压值进行测量.测量以下不同情况:灰度传感器不发生反射;用白纸反射;用光面金属反射.

记录后两者最佳反射效果时的电压值.利用上述测量结果,分别计算三种情况下 LED(D_5)和接收管(3、4 端)的导通电阻.

9.3　案例3　电机驱动与简易小车制作

一、理论准备

(一) 直流电机驱动原理

如何让直流电机转起来呢？方法很简单，只要给直流电机的两个端子(电刷)供电即可.

(1) 打开直流稳压电源，将直流稳压电源的电压调至 2 V 左右.

(2) 关闭直流稳压电源，用输出夹夹住直流电机的两输入端(图 9-11).

(3) 再次打开直流稳压电源，观察电机的转动情况.为便于观测，可以在输出轴上粘贴胶带、纸片或者安装配套的轮子.

(4) 调节直流稳压电源的电压，观察电机的转速变化.注意电压不超过额定电压.

(5) 关闭电源，交换电源正负输入端，按照上述步骤观察电机反方向转动的情况.

实际应用中，一般通过驱动电路来进行电机的转动控制，如图 9-12 所示.驱动电路不仅可以控制电机的运转启停，也能控制电机的速度和方向.驱动电路本质上是一种能量控制电路，控制加载于电机的电源的通断，如图 9-13 所示.

图 9-11　给直流电机供电(加载 2 V 电压)

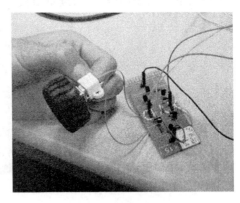

图 9-12　使用驱动电路控制电机

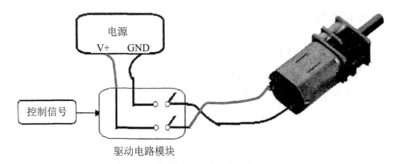

图 9-13　电机驱动电路功能示意图

1. 三极管驱动直流电机

三极管可以应用于放大电路设计,实现信号放大.要理解三极管放大电路的工作原理,需要具备一定的电路基础知识.

电子开关的电路工作原理相对简单易懂,只需关心"开关"的通断状态.如图9-14(a)所示,图中SW1为手动开关,电机MG1的两个电刷端子,一个接+5 V,另一个接开关SW1,当SW1接通时电机运转,断开时电机停止.

三极管也常常作为电子开关使用.将三极管作为电子开关应用于电机驱动电路中,如图9-14(b)所示,三极管Q_2替代SW1便构成电子开关.三极管的基极作为电子开关的控制端,接入外部控制信号Con:当Con为高电平(+5 V)时,三极管Q_2导通,相当于开关闭合;当Con端为低电平(GND)时,Q_2截止,从而达到控制电机运转的目的.

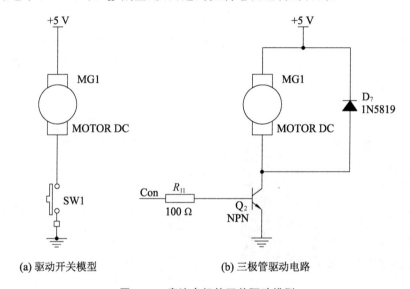

(a) 驱动开关模型　　(b) 三极管驱动电路

图9-14　直流电机的开关驱动模型

二极管D_7为续流二极管.在Q_2截止时直流电机惯性运转产生的感应电动势可以通过D_7以续流的方式消耗,从而有效保护电路和器件.

小功率三极管常用型号有S9013和S8050.对于小功率直流电机,可以使用该三极管驱动电路,不仅电路简单易懂,而且成本低廉.

2. PWM调速原理

上述三极管驱动电路在电机供电电压一定的情况下,通过调节控制端信号(Con)的通断时间,可以控制某段时间内通过电机的平均电流,从而实现电机的调速.如图9-15所示,使用函数信号发生器产生矩形波信号,频率为1 kHz,调节直流偏置、幅度和占空比,使矩形波的高电平为5 V,低电平为0 V,占空比为50%.

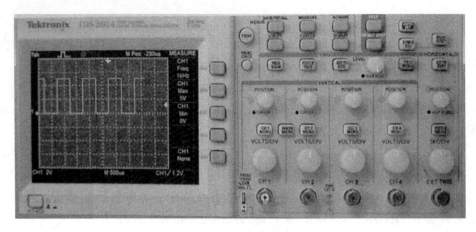

图 9-15　矩形波信号

将上述信号作为输入信号,驱动三极管,调节占空比,可以实现电机转速的调节(图 9-16).这种通过改变信号占空比来进行电机调速的方法,称为脉宽调制驱动(pulse width modulation,简称 PWM).

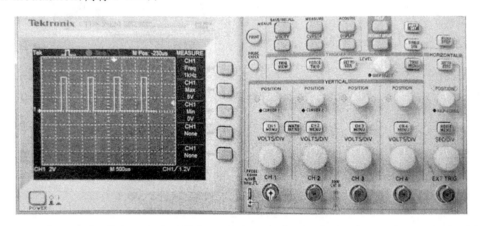

图 9-16　PWM 调速信号

PWM 技术通过对脉冲宽度(占空比)的调节达到调整负载两端平均电压(图 9-17)或负载平均驱动电流的目的,从而控制负载运行功率.这种方法可以应用在许多方面,如电机调速、加热控制.LED 的发光亮度也可以通过 PWM 技术进行调节,这也是目前很多照明设备

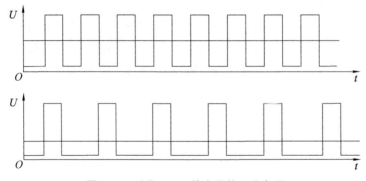

图 9-17　利用 PWM 技术调整平均电压

调光的常用方法之一,在室外见到的形形色色的 LED 广告屏同样利用 PWM 技术实现色彩和亮度的控制.

单个三极管驱动电路方案简明,制作方便,常应用于对小功率电机驱动要求不高的场合.当电机功率较大,或者电机发生堵转时,都可能产生大电流,容易对驱动管造成损坏,因而设计时需要估算驱动电路的最大电流和三极管额定电流之间的匹配情况.必要时在该支路中增加过流保护元器件,如串联限流电阻或自恢复保险丝,以保护电路.

3. "H 桥"电机驱动

单个三极管只能实现电机的单向驱动,要实现电机正转和反转两个方向的运转控制,就要使用多组三极管开关,实现电机驱动电流的方向切换.图 9-18 为典型的电机双向驱动电路模拟原理图——"H 桥"电机驱动电路.

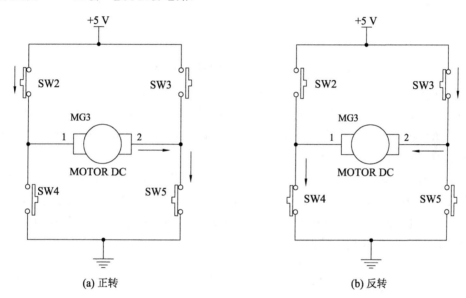

图 9-18 "H 桥"电机驱动电路

电路命名为"H 桥"电机驱动电路是因为它的形状酷似字母 H."H 桥"电机驱动电路包括 4 个开关和一个电机.4 个开关是"H"的 4 条垂直腿,而电机就是"H"中的横杠.要使电机运转,必须导通对角线上的一对开关(图中 SW2 和 SW5 为一对,SW3 和 SW4 为另一对).根据不同开关对的导通情况,电流可能会从左至右或从右至左流过电机,从而控制电机的转向.

同时也要注意,禁止使"H 桥"同侧的开关同时导通,比如,若 SW2 和 SW4 同时导通,则会引起单边短路,可能会对电路和器件造成不可恢复的损坏.

现在用三极管替代图 9-18 中的开关,就能构成实际的"H 桥"电机驱动电路,如图 9-19 所示.图中用 S8550 和 S8050 替代开关,二极管 $D_8 \sim D_{11}$ 是续流二极管,A、B、C、D 是"H 桥"的 4 个控制端.

当 Q_3 和 Q_6 导通,而 Q_4 和 Q_5 截止时,电流就从电源正极(+5 V)经 Q_3 自左至右穿过电机 MG4,再经 Q_6 回到电源负极(地).按图 9-19(a)中电流箭头所示,该流向的电流将驱动电机顺时针转动.当三极管 Q_4 和 Q_5 导通,而 Q_3 和 Q_6 截止时,电流将从右至左流过电机,从而驱动电机沿另一方向转动,如图 9-19(b)所示.

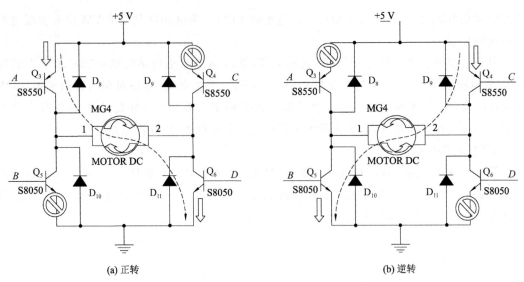

(a) 正转　　　　　　　　　　　　　(b) 逆转

图 9-19　由三极管构成的"H 桥"电机驱动电路

图中 Q_3 和 Q_4 采用 S8550，Q_5 和 Q_6 采用 S8050．S8550 是 PNP 管，控制端高电平，使管子截止，低电平导通；S8050 是 NPN 型管，控制端低电平，使管子截止，高电平导通．如图 9-19 所示，要使电机正转，电平的逻辑关系是 A 低、D 高、B 低、C 高；要使电机反转，电平的逻辑关系是 A 高、D 低、B 高、C 低．

图 9-20 提供了由三极管构成的"H 桥"电机驱动电路应用原理图，该电路在图 9-19 由三极管构成的"H 桥"电机驱动电路的基础上，增加了外围控制电路，其中 Q_7、R_{12}、R_{13}、R_{16} 实现对 B、C 端（Q_4、Q_5）的控制，Q_8、R_{14}、R_{15}、R_{17} 实现了对 A、D 端（Q_3、Q_6）的控制．电机 MG4 两端增加了并联电容，起到一定的抗干扰作用．

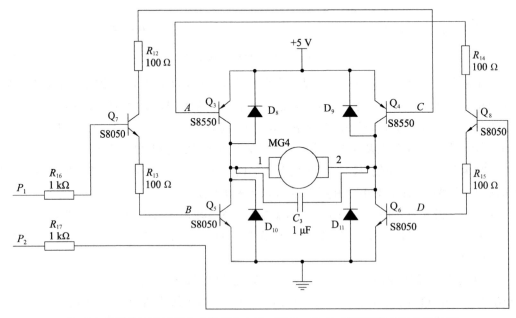

注：(1) 该驱动仅适用于小功率直流电机；(2) P_1 和 P_2 端口不能同时为高电平．

图 9-20　"H 桥"电机驱动电路应用原理图

由于 Q_7、Q_8 均为 NPN 管,所以当 P_1 为低电平时,Q_7 截止,则 Q_4、Q_5 也截止.当 P_1 为高电平时,Q_7 导通,同时 Q_4、Q_5 也导通.同理,P_2 形成对 Q_3 和 Q_6 的导通控制.但需要注意的是,P_1 和 P_2 端不能同时接高电平,否则就会形成同侧三极管同时导通,从而形成+5 V 对 GND 短路的现象,非常危险!表 9-1 是该应用原理图对应的电机控制逻辑状态表.

表 9-1 "H 桥"电机驱动电路应用原理图的逻辑状态表

P_1 电平状态	P_2 电平状态	电机状态
L	H	正转
H	L	反转
L	L	停止
H	H	禁止使用

注:表中 H 表示高电平,L 表示低电平.

(二) 简易小车的搭建

利用小型直流电机、万向轮、轮胎、电池、开关、PCB 及相关元器件、配件,设计组装一辆简易小车,运用较为简单快捷的方法尽快让小车动起来.小车结构示意图如图 9-21 所示.图 9-22 为小车主要结构配件及搭建的小车实物.

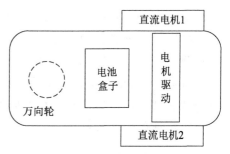

图 9-21 小车结构示意图

二、实验内容和要求

1. 三极管的控制

理解三极管作为电子开关的基本原理,利用三极管实现电子开关的功能.

(1) 参考图 9-14(b),实现单个三极管的电机驱动.

(2) 实现三极管控制 LED 灯的功能.

(3) 使用信号发生器产生 PWM 矩形波,调节占空比,实现电机调速和 LED 灯光明暗调节,记录结果并分析.

2. "H 桥"的制作

理解"H 桥"电机驱动的基本原理,利用三极管实现"H 桥"电机驱动电路,记录结果并分析.

(1) 参考图 9-20,焊接"H 桥"电机驱动电路,并连接好电机,引出 P_1 和 P_2 两个控制端.

(2) 正确加载高、低电平,实现电机的正转和反转.

(3) 将 P_1 端接地,P_2 端接 PWM 信号,测

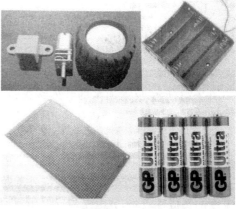

图 9-22 小车主要结构配件及搭建的小车实物

试电机是否能够调速.

3. 简易小车搭建

（1）根据本章内容及实际提供的材料，搭建一辆简易小车，让小车动起来.

（2）记录小车的制作过程.

9.4 案例4 红外避障应用电路

生活和工作中均离不开安全二字，某种意义上，"距离"就代表着安全，对距离的判断和侦测，常常成为人们生活和工作中时刻关心的内容.看书写字要坚持正确视距，银行取款要保持安全距离，道路行车更要注意保持安全车距.先进的汽车电子系统引入主动防碰撞技术，有效检测行车周边的障碍物状况，帮助驾驶员提前制动，降低发生事故的可能；在机器人系统设计中，也常需检测周边障碍物，为机器人动作提供反馈.通过电子技术进行测距有很多种方法，最常用的有超声波测距法和红外测距法，也有激光测距法、图像视觉测距法等.本节主要带领初学者去了解红外测距法，并将其用于实际的障碍物检测中.

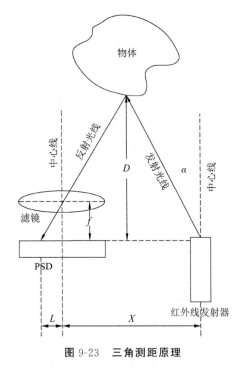

图 9-23 三角测距原理

一、理论准备

（一）红外测距

1. 三角测距

红外测距传感器的红外发射管按照一定的角度发射红外光束，当遇到物体以后，光束会反射回来，如图 9-23 所示.反射回来的红外线被位置感应探测器检测到后会获得一个偏移值 L，利用三角关系，在知道了发射角度 α、偏移距 L、中心矩 X 及滤镜的焦距 f 以后，传感器到物体的距离 D 就可以计算出来了.使用三角测量原理的传感器不易受到外界干扰.其连接示意图如图 9-24 所示.

SHARP-GP2Y0A21YK 型红外测距传感器采用三角测距原理，性能优异，对背景光及温度的适应性较强，其电压与反射距离的关系曲线如图 9-25 所示.

在监测障碍物的过程中，如果只关心在某个距离范围内是否有障碍物存在，则只需监测该距离对应的电压点.例如，要想监测 0~50 cm 内是否有障碍物存在，则只需判断电压值是否大于 0.6 V 即可.

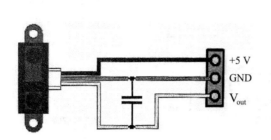

图 9-24 传感器与典型接口连接示意图

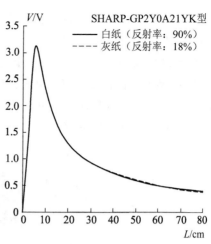

图 9-25 电压与反射距离的关系

假设现在需要制作一个测距装置,判断其前方 50 cm 内是否有物体出现.若检测到该范围内有障碍物,则报警指示.如前所述,只要红外传感器在有效范围内检测到障碍物输出电压 V_{out} 大于 0.6 V,则说明遇到障碍物,再驱动报警电路,产生报警信号.障碍物检测示意图如图 9-26 所示.

2. 电压比较器测距

如何判定电压大小呢？这里可以使用电压比较器对设定的电压值进行快速的检测和判断.

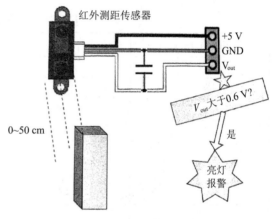

图 9-26 障碍物检测示意图

如图 9-27 所示,电压比较器有两个输入端、一个输出端.电压比较器的一个输入端(一)用于设定电压,设置的电压记为门限电压 V_T;另一个输入端(+)用于输入被测电压,记为 V_{in}."+"称同相端,"—"称反相端.输出端将根据比较结果输出高电平或者低电平.

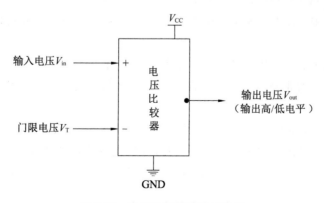

图 9-27 电压比较器功能示意图

图 9-27 的接法中,当 $V_{in} > V_T$ 时,V_{out} 输出高电平;反之,若 $V_{in} < V_T$,则 V_{out} 输出低电平.

假设电压比较器 V_{cc} 为 $+5\text{ V}$，V_T 为 0.6 V，则当 $V_{in} > 0.6\text{ V}$ 时，V_{out} 输出高电平 5 V；当 $V_{in} < 0.6\text{ V}$ 时，则 V_{out} 输出低电平 0 V.

比较输出高/低电平电压，可用于驱动 LED 报警电路，实现报警提示功能.

LM393 型电压比较器是双路电压比较器芯片.如图 9-28 所示，LM393 型电压比较器采用 DIP8 封装外形，内部集成 2 个电压比较器，分别占用管脚 1、2、3 和管脚 5、6、7.管脚 8 和管脚 4 是电源脚，分别接 V_{cc} 和地.表 9-2 是 LM393 电压比较器引脚对应的功能表.

(a) 外形和封装 　　　　　　　　　　(b) 内部管脚配置图

图 9-28　LM393 型电压比较器

表 9-2　LM393 型电压比较器引脚对应的功能

引出端序号	符号	功能
1	1OUT	输出 1
2	1IN−	反相输入 1
3	1IN+	同相输入 1
4	GND	接地端
5	2IN+	同相输入 2
6	2IN−	反相输入 2
7	2OUT	输出 2
8	V_{cc}	电源电压

注：LM393 型电压比较器的供电电压范围是 $2\sim 36\text{ V}$，本书采用 $+5\text{ V}$.

3. LM393 型电压比较器典型电路

要正确使用电压比较器，须掌握 LM393 型电压比较器的典型电路，同时注意以下四点.

(1) 给芯片正确供电：管脚 8 接电源 5 V，管脚 4 接地.

(2) 设置好门限电压 V_T：使用分压电路产生所需的电压，分压电路可以通过可调电位器产生.

(3) 输入电压 V_{in}：输入电压应处于供电电压范围内，即 $0\sim 5\text{ V}$.

(4) 检测输出是否正确：输出端 V_{out} 需接一个电阻（上拉电阻），输出电压应为高电平 5 V 或者低电平 0 V.

典型的 LM393 型电压比较器应用电路如图 9-29 所示.其中 R_{19} 为电位器，两端分别连接 5 V 和地，中间抽头作为输出，构成分压电路.通过调节电位器顶端的金属旋钮，可以改变分压值，用于设置门限电压 V_T. R_{18} 属于输出端的上拉电阻，必须连接电源.图 9-30 是该电路的实物连接示意图.

将 V_T 调节为 2.5 V，在 V_{in} 端分别输入 0.1 V 和 3 V，用多用表测量 V_{out} 端，观察其输出电压值，再将 V_T 调节为 0.6 V 进行观测.

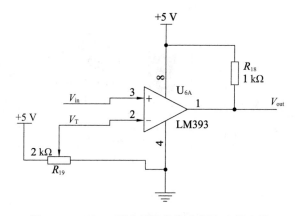

图 9-29　LM393 型电压比较器应用电路原理图

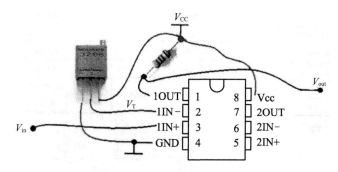

图 9-30　LM393 型电压比较器电路实物连接示意图

（二）障碍检测和报警应用电路

上面主要介绍了 LM393 型电压比较器实现电压检测的电路.这是障碍物检测和报警电路中的关键部分.下面就可以连接红外测距传感器、电压比较器电路及 LED 报警灯,构成一个完整的应用电路.应用电路的结构框图如图 9-31 所示.图 9-32 和图 9-33 分别是应用电路原理图和实物连接示意图,图 9-34 是焊接的实物电路板.

```
红外测距传感器 → 电压比较器电路 → LED报警灯
```

图 9-31　应用电路的结构框图

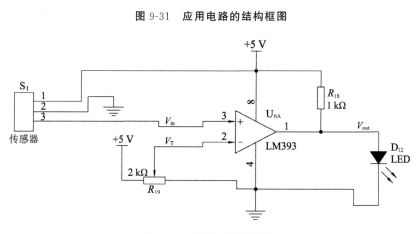

图 9-32　应用电路原理图

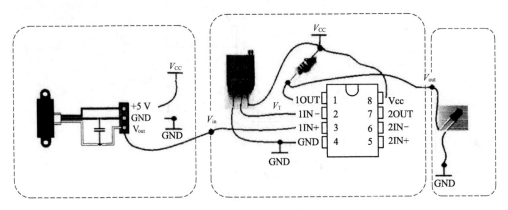

图 9-33　实物连接示意图

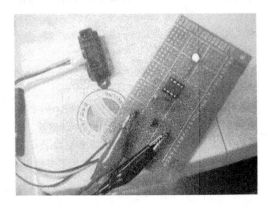

图 9-34　焊接的实物电路板

二、实验内容和要求

1. 红外测距传感器测距实验

正确连接红外测距传感器的电源和地,引出信号端 V_{out} 进行测试.

(1) 检测信号输出端 V_{out} 的输出电压与距离的关系(至少 10 组数据).自制记录表格,绘制数据曲线,比较曲线与图 9-25 的差别,并做分析.

(2) 检测信号输出端 V_{out} 的输出电压与障碍物材料(颜色、材质)是否有关? 设计方案,并做定性分析.

2. 红外测距和报警电路设计

(1) 参照图 9-32 和图 9-33,制作并调试测距报警电路.

(2) 调节门限电压,当传感器检测到 0～30 cm 内有障碍物时,使 LED 灯发光警示.

9.5 案例 5 寻迹小车的设计与制作

一、理论准备

(一) 寻迹小车的基本结构和工作原理

寻迹小车主要包括小车底板、直流电机和车轮、电机驱动模块、万向轮、寻迹检测模块、电池模块、信号连接部分.

寻迹小车的基本结构示意图如图 9-35 所示.要实现小车的前进和转向,关键是实现左右两侧电机的转动控制:电机同时转动时小车前进;电机一个停止,另一个转动,则小车发生转向.要实现小车的寻迹功能,还需要用到寻迹检测模块,用于检测黑线和反馈信号.反馈信号接入电机驱动模块的控制端,从而自动控制电机的启停状态,实现寻迹.

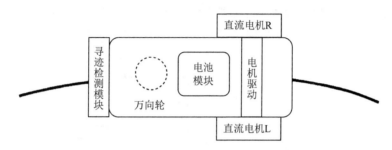

图 9-35 循迹小车基本结构示意图

(二) 寻迹小车电路模块的基本方案

构建寻迹小车的基本连接方案中,用于寻迹检测的灰度传感器模块可以参考本章案例 2 中的方案并进行改进,电机驱动模块可以采用基本的三极管驱动电路[图 9-14(b)],也可以采用"H桥"电机驱动电路(图 9-20).

图 9-14(b)中三极管驱动电路的 Con 端口需要高、低电平驱动,而案例 2 中 TCRT 5000 测试也显示,该电路并不能达到需要的高、低电平要求,需对之做必要的改进.

1. 灰度检测电路一:利用电压比较器

在图 9-9 的基础上,对图中的输出端使用 LM393 型电压比较器进行处理,可获得需要的高、低电平输出,如图 9-36 所示.

LM393 型电压比较器对节点 B_2 和节点 D 的电压作比较.在这种接法下,当 $V_{B_2} > V_D$ 时,OutputA 输出高电平(+5 V);而当 $V_{B_2} < V_D$ 时,OutputA 输出低电平.这里的 V_D 为门限电压,通过可调电位器调节.由案例 2 中图 9-10 的电压测试结果显示,当红外接收管处于导通或不导通状态时,V_{B_2} 的电压分别约为 2.6 V 和 3.2 V,因而,可以设置 V_D 的电压在 2.9 V 左右.

值得注意的是,若将节点 B_2 和节点 D 的输入端进行交换,就能获得相反的输出电平:当 $V_{B_2} > V_D$ 时,OutputA 输出低电平;而当 $V_{B_2} < V_D$ 时,OutputA 输出高电平.

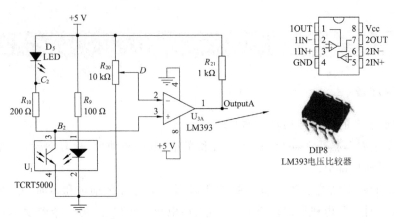

图 9-36　基于 LM393 型电压比较器的 TCRT5000 灰度检测电路

2. 灰度检测电路二：利用三极管

图 9-37 是由三极管构成的灰度传感器应用电路原理图。LED 指示部分由三极管 Q_2（型号 S9013 或 S8050）和 R_{22}、D_6 构成。输出信号 OutputB 用于信号反馈。

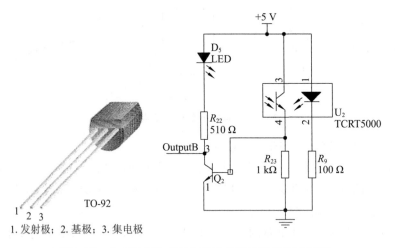

图 9-37　由三极管构成的灰度传感器应用电路原理图

改进的灰度传感器的反馈信号 OutputA（图 9-36）或 OutputB（图 9-37），应与图 9-38 中的驱动电路控制端连接，形成信号的反馈与电机控制。

（三）其他细节

对小车作进一步构建时需要确认的细节有电机驱动的信号要求、传感器的反馈状态、传感器的摆放位置、传感器的摆放与信号的连接。

1. 电机驱动的信号要求

根据电机驱动的信号要求，如图 9-38 所示，信号端 Con 为高电平时电机运转，低电平时电机

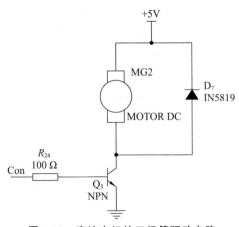

图 9-38　直流电机的三极管驱动电路

停止.

2. 传感器的反馈状态

从图 9-36 中 OutputA 端来看,传感器检测到黑线时,红外线反射较弱,$V_{B_2} > V_D$,OutputA 为高电平;传感器检测到白色底板时,$V_{B_2} < V_D$,OutputA 则为低电平(同相比较电路).若比较信号输入端反接,也可获得相反的逻辑(反相比较电路).

从图 9-37 中 OutputB 端来看,传感器检测到黑线时,接收管截止,Q_2 截止,OutputB 为高电平;传感器检测到白色底板时,OutputB 为低电平.

3. 传感器的摆放位置

参考图 9-39,传感器可以相对紧密排放,使两个传感器都能探测到黑线,或者相对宽松排放,使黑线位于两个传感器之间.

4. 传感器的摆放与信号的连接

以 LM393 型电压比较器方案(图 9-36)为例,假设制作了两个灰度传感器 S1、S2 和电机驱动模块 M1、M2,具体摆放位置如图 9-39 所示,S1 的输出信号应该怎样选择(OutputA 取同相比较逻辑还是反相比较逻辑)? S1、S2 和 M1、M2 是同侧驱动还是异侧驱动?

图 9-39 给出了相应的驱动参考方案,图 9-39(a)中两个传感器排布于黑色线径两侧,传感器反馈给电机的方案采用同侧驱动,则遇白底时电机应运转,遇黑线时应停转;图 9-40(b)中两个传感器紧密排布在黑色线径内,异侧驱动,则遇白底时电机应停转,遇黑线时应运转.

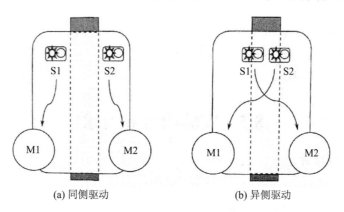

(a) 同侧驱动　　　　(b) 异侧驱动

图 9-39　循迹小车传感器示意图

具体的设计需要读者自行分析.小车调试时,需注意调整传感器的摆放位置,也要注意传感器的离地高度,这都有助于提高小车的反应灵敏度.

(四) 电源与动力

小车运行的动力源不能是笨重的稳压电压源,必须是"车载"的独立电源.使用 4 节干电池时,输出电压大约是 6 V.在电池的输出端,再接一个开关,并串联二极管,形成单向保护电路.也可以使用充电宝提供 5 V 电压,构成电源,如图 9-40 所示.

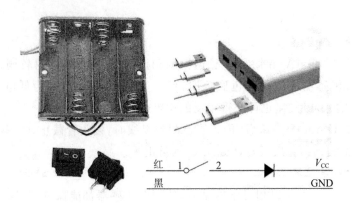

图 9-40 独立供电电源的形式和连接电路

二、寻迹小车的设计要求与规则

(一) 设计要求

设计一部具有寻迹功能的小车,需实现以下功能.

(1) 小车至少含有两个电机驱动器,可以控制左右轮运动.

(2) 在小车上安装合适的传感器,可探测黑色路径.

(3) 小车具有自动调整功能,可沿着既定的黑色线径运动.

(二) 场地及要求

(1) 寻迹场地如图 9-41 所示,要求小车尽快从出发点沿着黑色线径运行一圈回到原点,用时短者胜出.

(2) 黑线线宽为 2.5 cm.

(3) 至少使用两个传感器.要求设计者调整传感器的排列方式,以适应寻迹要求.

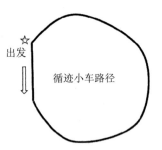

图 9-41 寻迹小车路径示意图

(三) 基本评分原则

对制作完成的寻迹小车,按如下方案进行考评.

(1) 基本运行功能.(10 分).

(2) 寻迹功能.(直线 20 分、弯道 10 分)

(3) 完成度.(完整跑完 50 分,人工干预 1 次扣 5 分)

(4) 车体结构和电路焊接.(10 分)

三、实验内容和要求

根据本节内容,两人一组,每组完成一套小车方案的设计,如图 9-42 所示.

(1) 按要求焊接电机驱动电路,并调试.

(2) 搭建小车车体,定位并安装好电机和万向轮.

(3) 焊接灰度传感器模块,并调整传感器的摆放位置和高度,以适应路径检测.

(4) 记录运行情况并作分析.

图 9-42　手工制作的驱动小车

9.6　案例 6　导盲避障游戏设计

中国是世界上盲人数量最多的国家之一,给予盲人更多的关爱是社会应尽的责任.本案例来源于全国大学生光电设计大赛,对原课题进行必要的提炼和简化,引导学生利用所学知识,构建一个简易的导盲避障装置,完成导盲避障游戏.在导盲游戏实验中,要求设计者佩戴眼罩和自制的导盲装置,通过设置的障碍通道,体验盲人的日常活动.通过该游戏的实践过程,不仅提高学生实际的设计能力,而且进一步增强学生的社会责任感.

一、理论准备

(一) 红外测距传感器特性概述

SHARP-GP2Y0A21YK 型红外测距传感器的测距原理详见案例 4,要求 5 V 供电,最大不超过 5.5 V,其有效测距范围为 10～80 cm,模拟电压输出.

(二) 避障电路功能和原理分析

1. 功能分析

避障电路在功能上主要实现的是测距、报警,因此其测距电路可以沿用案例 4 的方案;避障装置需具备声音报警功能,因此需要使用蜂鸣器.另外,仍需一个独立的电源装置进行供电.

2. 设计原理

在红外测距实验的基础上,根据红外传感器的测距距离和电压的关系,设定门限电压,并增加声音报警功能.如图 9-43 所示,S2 为 SHARP-GP2Y0A21YK 型红外测距传感器,U_{7A} 为比较器 LM393,LS3 为蜂鸣器.图 9-44 是其实物连接示意图.

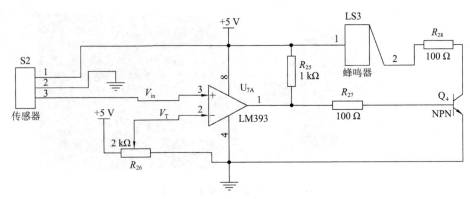

图 9-43 避障装置的电路原理图

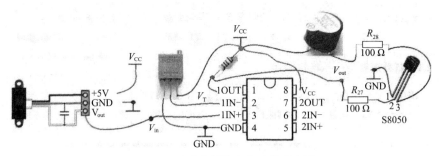

图 9-44 避障装置的实物连接示意图

3. 电源选择

独立电源可以使用充电宝,也可使用 3 节干电池.如果使用 4 节干电池,则需串联 1~2 个二极管,以保证电源的输出电压不高于 5.5 V.

使用充电宝时,需通过 USB 连接线和 USB 端口,实现 5V 电压的输出.注意判别 USB 座子中的电源和地的引出线.

图 9-43 中,当检测距离小于设定值时,传感器 S2 输出端 V_{out} 电压将大于门限电压 V_T,比较器 U_{7A} 输出端产生高电平,该电平驱动三极管 Q_{18},使 Q_{18} 导通,蜂鸣器发出"嘀"警报声;否则,Q_{18} 关断,蜂鸣器不发声.图 9-45 是便携式电源部分,利用充电宝与 USB 端口作为独立电源输出,USB 座子的 1 脚为电源脚,串联二极管 1N5819 后输出.

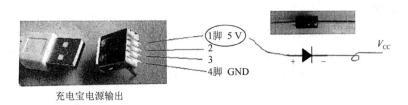

图 9-45 便携式电源部分

二、导盲避障游戏要求与规则

(一)基本要求

课题要求设计一套导盲光电器械,并将之固定在每个组的参赛队员身上,引导每个队员依次通过一个放置平板障碍的直通道.图 9-46 为导盲装置的应用场景示意图.

图 9-46　导盲装置的应用场景示意图　　　　图 9-47　导盲场景

(二) 游戏条件

导盲游戏的现场布置如图 9-47 所示.

(1) 导盲通道为直通道,有条件的可以设置弯道,道长 10～20 m,宽约 2.5 m.

(2) 通道内随机竖直放置多块 1.2 m×2.4 m 的 KT 板作为平板障碍(平板障碍及过道内壁样式随机).

(3) 每组队员使用眼罩蒙住双眼,仿效盲人行走.

(三) 游戏规则

(1) 每个队员在起始区由队友辅助佩戴好导盲装置,可同时使用不多于 2 个导盲装置.导盲装置可以佩戴在手臂、腿部、腰部等位置,也可手持.队员佩戴好眼罩,出发后计时开始,到达终点计时结束.

(2) 队员通过通道时,每碰触障碍或通道内壁一次,判罚延长该队员通过时间.轻轻触碰判罚 5 s,较严重触碰判罚 10 s.

(3) 导盲装置遇障碍应有提示音.

(4) 每组队员做好视频录制、计时和现场素材采集工作.

(四) 评分原则

(1) 主要考查导盲装置的组装结构、焊接工艺和避障器功能等.(30 分)

(2) 将每个队员的通过时间进行归一化打分,约 15% 优秀(A)、35% 良好(B)、50% 中等及以下(C),未完成者不合格(D).(70 分)

(3) 实验考核总分(100 分)为制作分和通过时间归一化分的和.

三、实验内容和要求

设计电路,4 人一组,每组设计并焊接两个避障模块.

(1) 正确连接电路原理图,并焊接.根据案例 4 中测得的电压-反射距离特性曲线,设置门限电压.

(2) 调试避障装置.根据游戏规则,设计并递交本组避障方案,方案应包括预采取的策略和装置设定位置示意图等.

(3) 按照游戏规则进行实验,并记录测试过程和结果.

第4篇

MATLAB 基础与仿真

第 10 章 MATLAB 仿真基础

10.1 模拟仿真概述

一、模拟仿真的概念

模拟仿真就是利用物理的或者数学的模型,来研究实际系统的一种方法.它利用模型来模拟现实系统及其演变过程,以寻求过程的规律,达到某种实际应用效果.

模型是实际系统本质的抽象与简化.系统仿真模型包含所研究系统的主要特点,通过系统仿真模型的运行,获得所要研究系统的必要信息,了解实际系统内部发生的运动过程,或者对系统动态性能进行求解.

仿真的特点:经济、安全、快捷.

系统、模型、仿真三者间的关系:系统是研究的对象,模型是系统的抽象,仿真是对模型的实验验证,三者间的关系如图 10-1 所示.

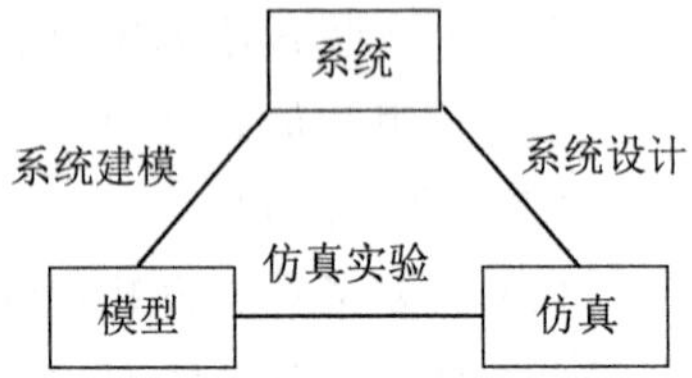

图 10-1 系统、模型、仿真三者间的关系

二、仿真分类

根据模型的物理属性,系统仿真分为物理仿真、半实物仿真和数学仿真.

1. 物理仿真

按照真实系统的物理性质构造系统的物理模型,并在物理模型上进行实验的过程称为物理仿真.物理仿真的优点是直观、形象,缺点是模型改变困难、实验限制多、投资较大.

2. 半实物仿真

半实物仿真即将数学模型与物理模型甚至实物联合起来进行实验.对系统中规律比较清楚的部分建立数学模型,并在计算机上加以实现.对比较复杂或对规律尚不十分清楚的部分,其数学模型的建立比较困难,则采用物理模型或实物.仿真时将两者连接起来完成整个系统的实验.图 10-2 给出了一个红外成像跟踪半实物仿真系统原理图.其中,仿真计算机根据红外成像系统及目标运动方程实时解算目标位置和相对距离,并发送给计算机生成图像.计算机依据目标、背景数据库实时生成反映目标和背景二维空间红外辐射特性、目标运动特征和几何特征的数字图像,通过数字接口输出至红外场景投影仪,红外场景投影仪将数字图像转换成相应光谱段的动态红外图像投射到红外成像系统的入瞳处,由红外成像系统接收并处理,输出视线角偏差到仿真计算机,计算机再次解算目标位置和相对距离,如此循环往复.可见,该仿真系统实现了对目标/背景的物理特征和光谱特征及红外成像系统的工作过程的仿真.

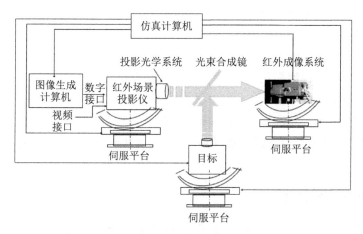

图 10-2　红外成像跟踪半实物仿真系统原理图

3. 数学仿真

对实际系统进行抽象,并将其特性用数学关系加以描述,得到系统的数学模型,对数学模型进行实验的过程被称为数学仿真.数学仿真结果的可信度受限于系统建模精度.

计算机技术的发展为数学仿真创造了环境,所以数学仿真又被称为计算机仿真.计算机仿真利用计算机对一个实际系统的结构和行为进行动态演示,以评价或预测该系统的行为效果.它是解决较复杂的实际问题的一条有效途径.它对系统的设计、研究和决策提供了一个先进而有效的手段,并可缩短设计周期、降低费用.

三、计算机仿真的目的

对于一个系统,是否进行计算机仿真,主要考虑计算机仿真与非计算机仿真方法谁优谁劣.运用计算机仿真的情况,归纳起来,有如下几种:

(1) 在一个实际系统还没有建立起来之前,要对系统的行为或结果进行分析研究,计算机仿真是一种行之有效的方法.

(2) 在有些真实系统上做实验会影响系统的正常运行,这时进行计算机仿真就是为了避免给实际系统带来不必要的损失.例如,在生产中任意改变工艺参数可能会导致废品,在经济活动中随意将一个决策付诸行动可能会引起经济混乱.

(3) 当人是系统的一部分时,其行为往往会影响实验的效果,这时运用系统进行仿真研究,可以排除人的主观因素的影响.

(4) 在实际系统上做实验时,由于系统误差和偶然误差的存在,对实验结果的好坏很难做出正确的判断,这时运用计算机仿真,就可以保证每次操作的条件相同,从而排除测量误差.

(5) 有些系统,一旦建立起来之后就无法复原,利用计算机仿真可以进行系统复原,从而获得显著的经济效益.例如,要投资建立一家大型企业,要分析它建成之后的经济效益和社会效益,不能用建立起来试试看的办法,因为建成后就无法回到原来的状态了.

四、计算机仿真的应用

计算机仿真的应用主要体现在以下两个方面.

1. 新系统的设计

在可行性论证阶段,进行仿真并比较相关参数,为系统设计打下坚实的基础.在系统设计阶段,进行模型实验、模型简化,以实现系统的优化设计.

2. 系统改进设计

利用仿真技术进行分系统实验,即一部分采用实际部件,另一部分采用模型,避免由于新的子系统的投入,造成对原系统的破坏或影响,可大大缩短开工周期,提高系统投入的一次成功率.

五、计算机仿真的方法

计算机仿真一般包括分析系统、建立模型、运行和改进、输出模型并统计分析等几个步骤.图 10-3 给出了计算机仿真的流程.

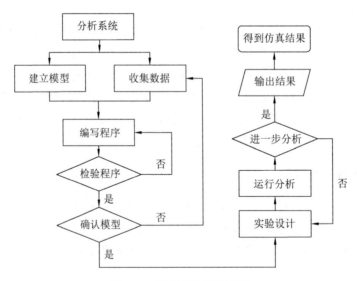

图 10-3 计算机仿真的流程

第一步,对系统进行分析,明确目标.首先要把被仿真系统的内容表达清楚,弄清仿真的目的,然后选择描述这些目标的主要环节和状态变量,明确所研究问题的范围、边界和初始条件,并充分估计初始条件对系统主要性能的影响.

第二步,建立模型、收集数据.包括建立模型、收集数据、编写程序、检验程序和确认模型等.建立模型就是选择合适的仿真方法,确定系统的初始状态,设计整个系统的仿真流程.最后选择合适的计算机语言或仿真语言编写,并调试程序.

第三步,运行模型并改进.首先确定一些具体的运行方案,如初始条件、参数、步长、重复次数等,然后输入数据,运行程序,直到符合实际系统的要求及精度为止.

第四步,输出结果并作统计分析.包括记录重要的中间结果,输出格式要有利于用户了解整个仿真过程、分析和使用仿真结果.

【例 10-1】 计算机仿真举例——抛体运动.

当我们将物体以某一抛射角 α 抛出,物体的运动轨迹可以用计算机仿真方法进行分析.图 10-4 描绘了无空气阻力时和有空气阻力时抛体运动的轨迹.下面对这两种情况进行数学建模和计算机仿真.

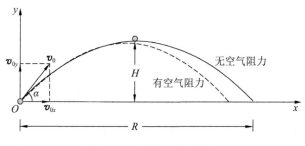

图 10-4 抛体运动的轨迹

(1) 不计空气阻力情况下抛体运动的数学模型.

设 $t=0$ 时刻,抛体在坐标原点 O 以初速度 v_0 抛出,v_0 与 x 轴之间的夹角(抛射角)为 α. 不计空气阻力时,抛体运动的加速度为

$$a_x = 0$$
$$a_y = -g$$

抛体的运动方程为

$$x = v_0 t \cos\alpha$$
$$y = v_0 t \sin\alpha - \frac{1}{2}gt^2$$

抛体射程为

$$R = \frac{v_0^2 \sin 2\alpha}{g}$$

抛体达到的最大高度为

$$H = \frac{v_0^2 \sin^2\alpha}{2g}$$

抛体飞行时间为

$$t_{max} = \frac{2v_0 \sin\alpha}{g}$$

根据以上数学模型,利用 MATLAB 软件(具体见本章的其他节)仿真不计空气阻力情况下抛体的运动轨迹.MATLAB 仿真程序如下:

```
v0=30;                                  %初始速度 30m/s
alpha=30;                               %抛射角度 α=30°
g=9.8;                                  %重力加速度
tmax=2*(v0*sin(alpha*pi/180))/g;        %抛体飞行时间
t=0:0.1:tmax;
x=v0*cos(alpha*pi/180)*t;
y=v0*sin(alpha*pi/180)*t-0.5*g*t.^2;
plot(x,y);
legend('不考虑阻力','考虑阻力')
```

(2) 考虑空气阻力情况下抛体运动的数学模型.

一般地,物体在空气中运动时所受阻力的大小与物体相对于空气运动速度的平方成正比,方向与相对速度的方向相反,因此阻力可表示为

$$f=-D|v|v$$

式中,负号表示阻力与运动速度的方向相反,v 为物体的运动速度,D 由下式确定:

$$D=\frac{\rho_a CA}{2}$$

式中,ρ_a 为空气的密度;A 为物体垂直于运动方向上的截面积;C 为阻力系数,与物体的形状、表面粗糙度、空气黏性有关.

如果物体是一个球体,密度为 ρ,半径为 r,则它的截面积和质量分别为

$$A=\pi r^2$$

$$m=\frac{\rho 4\pi r^3}{3}$$

根据牛顿第二定律,物体在 x 和 y 方向的加速度为

$$a_x=-\frac{D_x}{m}|v_x|v_x$$

$$a_y=-\frac{D_y}{m}|v_y|v_y-g$$

式中,$D_x=D_y=D=\frac{\rho_a C\pi r^2}{2}$.

在有阻力情况下,物体做非匀加速运动.要解决此类问题,我们可以把时间分成若干个时段,每个时段间隔为 Δt.当 Δt 足够小时,可以认为在 Δt 时间内物体做匀加速运动.

用 $v_x(t)$ 作为 t 到 $t+\Delta t$ 时段的水平方向初速度,利用匀加速运动公式得到下面的公式:

$$v_x(t+\Delta t)=v_x(t)+a_x\Delta t$$

同理,在垂直方向上,有

$$v_y(t+\Delta t)=v_y(t)+a_y\Delta t$$

用 $x(t)$ 作为 t 到 $t+\Delta t$ 时段的水平方向起始点,利用匀加速运动公式得到下面的公式:

$$x(t+\Delta t)=x(t)+v_x(t)\Delta t+\frac{1}{2}a_x\Delta t^2$$

同理,在垂直方向上,有

$$y(t+\Delta t)=y(t)+v_y(t)\Delta t+\frac{1}{2}a_y\Delta t^2$$

MATLAB 仿真程序如下:

```
detat=0.01                              % Δt,时间间隔
g=9.8;
r=0.025;                                % 物体的半径
ra=1.2;                                 % ρ_a,空气的密度
C=0.3;                                  % 阻力系数
ro=2000;                                % ρ,抛体的密度
A=pi*r^2;                               % 阻力面积
D=ra*C*A/2;
m=4*ro*pi*r^3/3;                        % 物体的质量
% 初始条件
v0=30;                                  % 初速度
Q0=30;                                  % 初射角
xt=0;
yt=0;
vxt=v0*cos(Q0*pi/180);
vyt=v0*sin(Q0*pi/180);
tmax=2*(v0*sin(Q0*pi/180))/g;           % tmax=2*v0sin(Q0)/g
t=0:0.01:tmax;
for i=1:length(t)
ax=-(D/m)*abs(vxt).*vxt;
ay=-(D/m)*abs(vyt).*vyt-g;
vxt=vxt+ax*detat;
vyt=vyt+ay*detat;
xt=xt+vxt*detat+0.5*ax.*detat^2;
yt=yt+vyt*detat+0.5*ay.*detat^2;
X(i)=xt;
Y(i)=yt;
end;
plot(X,Y,'r','LineWidth',2);
xlabel('{\itX}{\m}');ylabel('{\itY}({\m})')
axis([0 80 0 12]);
legend('不考虑阻力','考虑阻力')
```

图 10-5 给出了两种情况下抛体运动的仿真结果.

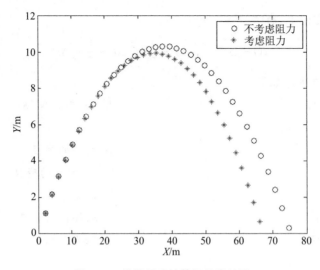

图 10-5　抛体运动计算机仿真结果

10.2 MATLAB 介绍

MATLAB 的名称源自 Matrix Laboratory,它的首创者是在数值线性代数领域颇有影响的 Cleve Moler 博士,他也是生产经营 MATLAB 产品的美国 MathWorks 公司的创始人之一.MATLAB 是一种科学计算软件,专门以矩阵的形式处理数据.MATLAB 将高性能的数值计算和可视化集成在一起,并提供了大量的内置函数,广泛应用于科学计算、控制系统、信息处理等领域的分析、仿真和设计工作中.

MATLAB 里有很多工具箱,如 Simulink 是 MATLAB 里一种可视化仿真工具箱,可以用来对各种动态系统进行建模、分析和仿真.Simulink 的建模范围广泛,可以针对任何能够用数学来描述的系统进行建模,如航空航天动力学系统、卫星控制制导系统、通信系统、船舶及汽车等,其中包括连续、离散、条件执行、事件驱动、单速率、多速率和混杂系统等.Simulink 提供了利用鼠标拖放的方法建立系统框图模型的图形界面,还提供了丰富的功能块及不同的专业模块集合,利用 Simulink 几乎可以做到不书写代码就能完成整个动态系统的建模工作.

10.3 MATLAB 操作环境

在运行 MATLAB 之前首先要在自己的操作系统中安装 MATLAB,目前 MATLAB 可以在 Windows、Red-hat Linux、Sun Solaris、MAC OS 等操作系统中安装使用.运行 MATLAB 时,可以双击 MATLAB 的图标,或者在命令行提示符(控制台方式)下键入指令"matlab",这时将启动 MATLAB.

一、MATLAB 的桌面环境

MATLAB 的桌面环境可以包含多个窗口,这些窗口分别为命令行历史窗口(Command History)、命令行窗口(Command Window)、当前文件夹(Current Folder)、工作空间浏览器

(Workspace Browser)、目录分类窗口(Launch Pad)、数组编辑器(Array Editor)、M文件编辑器/调试器(Editor/Debugger)、超文本帮助浏览器(Help Navigator/Browser),这些窗口都可以内嵌在MATLAB主窗体中,组成MATLAB的用户界面.当MATLAB安装完毕并首次运行时,展示在用户面前的界面为MATLAB运行时的默认界面窗口,如图10-6所示.

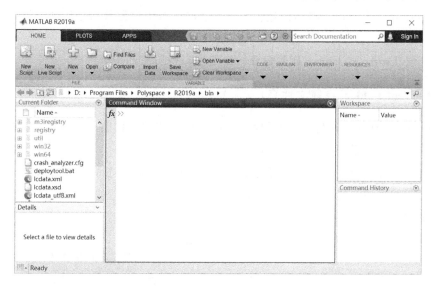

图10-6　MATLAB运行时的默认界面窗口

在MATLAB的命令行窗口中键入任意算术表达式,系统将自动解算,并给出结果.

【例10-2】 计算算术表达式$\dfrac{-5}{(4.8+5.32)^2}$.

只要直接在MATLAB的命令行窗口中键入:

>> -5/(4.8+5.32)^2 ↵　（回车键）

系统将直接计算表达式的结果,并且给出答案:

ans=

　　-0.0488

MATLAB的命令行窗口具有命令行记忆的功能,也就是说,在命令行窗口中,使用↑、↓、←、→就可以重复以前键入的指令,这对使用MATLAB是非常便利的.

二、Command History(命令行历史窗口)

在命令行历史窗口中主要记录了用户键入的所有指令,一般包括每次启动MATLAB的时间,以及每次启动MATLAB之后键入的所有MATLAB指令.这些指令不但可以清楚地记录在命令行历史窗口中,而且可以被再次执行.这些指令不仅能够被复制到MATLAB的命令行窗口中,而且可以通过它们的记录直接创建M文件,这些功能都可以通过命令行历史窗口的快捷菜单来方便地完成,如图10-7所示.

图10-7　命令行历史窗口的快捷菜单

快捷菜单中的指令说明:

- Copy：复制当前选中的指令,可以将指令粘贴到其他的应用程序窗口中.

- Evaluate Selection：执行当前选中的指令.
- Create M-File：把当前选中的指令创建一个新的 M 文件,文件的内容就是选中的所有指令.
- Delete Selection：从命令行历史窗口中删除当前选中的指令.
- Delete to Selection：将当前选中指令之前的所有历史记录指令从命令行历史窗口中删除.
- Delete Entire History：删除命令行历史窗口中所有的指令.

三、Current Folder(当前文件夹)

MATLAB 加载任何文件、执行任何指令都是从当前的工作路径下开始的,所以 MATLAB 也提供了当前目录文件夹——Current Folder.

当前目录文件夹的主要作用是帮助用户组织管理当前路径下的 M 文件,并且通过该工具,能够运行、编辑相应的文件,加载 MAT 数据文件,等等,这些操作都可以通过对应的右键快捷菜单完成,如图 10-8 所示.

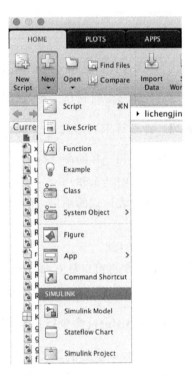

图 10-8 "Current Folder"快捷菜单　　图 10-9 "New"菜单

MATLAB 界面上的"New"菜单中的项目如图 10-9 所示.在"New"菜单中选择"Script",可以新建 M 文件,保存后文件的扩展名为".m";选择"Simulink Model",可以创建一个 Simulink 仿真文件.

MATLAB 的文件是通过不同的路径来组织和管理的.为了避免执行不同路径下的MATLAB 文件而不断切换不同的路径,MATLAB 提供了搜索路径机制来完成对文件的组织和管理.设置搜索路径可以用鼠标右键单击要添加的目录,会出现如图 10-10 所示的菜单.选择"Add to Path",即完成路径设置.系统将所有搜索路径的信息保存在一个 M 文件中——pathdef.m.

10.4 MATLAB 的帮助系统

所有的 MATALB 函数都具有帮助信息,如函数的用途、函数需要的一些特殊的输入参数及函数的返回变量等.这些帮助信息都保存在相应的函数文件的注释区中.甚至有些函数将其采用的算法也给予了说明.另外,使用 MATLAB 的用户最常需要的帮助就是在线帮助.要获取在线帮助,可使用指令"help"或者"helpwin",此时在线帮助将显示在命令行窗口中.

图 10-10　添加搜索路径示意图

一、获取具体函数的帮助

只需输入 help,按回车键即可.

>>　help sin

SIN　　Sine.

　　SIN(X) is the sine of the elements of X.

Overloaded methods

　　helpsym/sin.m

二、使用 H1 帮助行

所有的 MATLAB 函数还具有在线帮助信息,叫作 H1 帮助行,位于每一个 M 语言函数文件的在线帮助的第一行,它能够被 lookfor 函数搜索、查询.在这一行帮助中,往往是言简意赅的说明性语言.例如,在 MATLAB 命令行窗口中键入 lookfor Fourier,将显示如下信息.

>>lookfor Fourier

FFT　　　　　　　——Discrete Fourier Transform.

FFT2　　　　　　——Two-dimensional discrete Fourier Transform.

FFTN　　　　　　——N-dimensional discrete Fourier Transform.

IFFT　　　　　　 ——Inverse discrete Fourier Transform.

IFFT2　　　　　　——Two-dimensional inverse discrete Fourier Transform.

IFFTN　　　　　　——N-dimensional inverse discrete Fourier Transform.

三、帮助文档

尽管在线帮助使用起来简便、快捷,但是在线帮助能够提供的信息毕竟有限,而且并不是所有与函数有关的内容都可以用在线帮助的形式表示,比如数学公式、图形等.因此,MATLAB 还提供了内容更加丰富的帮助文档,作为 MATLAB 的用户指南出现.目前 MATLAB 的帮助文档有英文版和日文版,而在中国地区使用的 MATLAB 只有英文版的帮助文档.

MATLAB 的帮助文档显示在 MATLAB 的帮助窗口中,单击 MATLAB 用户界面上的"Help"菜单,将打开 MATLAB 的帮助文档界面,如图 10-11 所示.

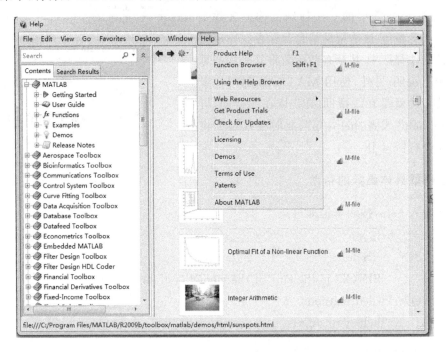

图 10-11 MATLAB 的帮助文档界面

MATLAB 的帮助文档除了超文本格式外,还有 PDF 格式,这些帮助文档与 MATLAB 的产品手册(纸版)一一对应,甚至在新版的 MATLAB 中,PDF 格式的帮助文档的内容要多于超文本格式的文档,更多于纸版的手册.所以,在必要的情况下,可以将部分 PDF 格式的文档打印出来作为手册保存.

10.5 MATLAB 数值类型、基本数学函数、矩阵基础及基本操作

一、MATLAB 数值类型

MATLAB 整数类型及其转换函数见表 10-1.

表 10-1　MATLAB 整数类型及其转换函数

数据类型	表示范围	类型转换函数
无符号 8 位整数 uint8	$0 \sim 2^{8} - 1$	uint8()
无符号 16 位整数 uint16	$0 \sim 2^{16} - 1$	uint16()
无符号 32 位整数 uint32	$0 \sim 2^{32} - 1$	uint32()
无符号 64 位整数 uint64	$0 \sim 2^{64} - 1$	uint64()
有符号 8 位整数 int8	$2^{-7} \sim 2^{7} - 1$	int8()
有符号 16 位整数 int16	$2^{-15} \sim 2^{15} - 1$	int16()
有符号 32 位整数 int32	$2^{-31} \sim 2^{31} - 1$	int32()
有符号 64 位整数 int64	$2^{-63} \sim 2^{63} - 1$	int64()

MATLAB 浮点数类型及其转换函数见表 10-2.

表 10-2　MATLAB 浮点数类型及其转换函数

数据类型	存储空间	表示范围	类型转换函数
单精度型 single	4 字节	$-3.40282 \times 10^{38} \sim +3.40282 \times 10^{38}$	single()
双精度型 double	8 字节	$-1.79769 \times 10^{308} \sim +1.79769 \times 10^{308}$	double()

数值类型在"Workspace"窗口中的显示结果如图 10-12 所示.

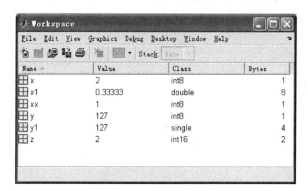

图 10-12　数值类型在"Workspace"窗口中的显示结果

二、基本数学函数

1. 三角函数

三角函数有 sin、cos、tan、sinh、asin、acos、atan、asinh.

注意：三角函数角度的单位是弧度.

2. sqrt 平方根

例如，B=sqrt(A)可求出阵列 *A* 中每个元素的平方根.

3. 对数

(1) log——自然对数.例如,Y=log(X).

(2) log10——以 10 为底的对数.例如,Y＝log10(X).

(3) log2——以 2 为底的对数,将浮点数分解成指数和尾数部分.例如,Y＝log2(X).

4. 复数函数

MATLAB 用"i"或"j"表示虚数的单位.

复数的产生可以有几种方式：

$z=a+b*i$ 或 $z=a+b*j$;

$z=a+bi$ 或 $z=a+bj$(当 b 为常数时);

$z=r*exp(i*theta)$;

$z=complex(a,b)$.

复数的相关函数如下：

abs——绝对值和复数模.

imag——求复数的虚部.

real——求复数的实部.

angle——相角.利用 theta=angle(Z)可得复数 Z 的相角,利用 Z=R.*exp(i*theta)可恢复复数 Z.

conj——复共轭.

5. 取整和求余函数

fix——朝零方向取整.

round——朝最近整数取整(四舍五入).

rem——计算除法的余数.

三、矩阵基础

1. MATLAB 矩阵输入

(1) 直接赋值法.

【例 10-3】 A＝[1 2 3；4 5 6；7 8 9],回车后得

  A＝

  1 2 3

  4 5 6

  7 8 9

(2) 冒号表达式.格式如下：

  变量名＝fist:increment:last

【例 10-4】 B＝[1：3；4：6；7：9],回车后得

  B＝

  1 2 3

  4 5 6

  7 8 9

(3) 利用函数 linspace 创建数组.格式如下：

  linspace(first,last,number)

(4) 利用 MATLAB 内部函数产生矩阵.格式如下:

  a=eye(m);   % 单位阵

  b=ones(m,n); % 全 1 阵

  c=zeros(m,n); % 全 0 阵

  d=rand(m,n); % 随机阵

  e=diag(v,k); % 对角矩阵

其中,e=diag(v,k)含义略有不同:以向量 v 的元素作为矩阵 e 的第 k 条对角线元素,当 $k=0$ 时,v 为 e 的主对角线;当 $k>0$ 时,v 为上方第 k 条对角线;当 $k<0$ 时,v 为下方第 k 条对角线.

【例 10-5】 C=zeros(2,3),回车后得

  C=

  0 0 0

  0 0 0

【例 10-6】 对于向量 v=[1 2 3],求 D=diag(v,−1),E=diag(v,0),F=diag(v,1).

D=				E=			F=			
0	0	0	0	1	0	0	0	1	0	0
1	0	0	0	0	2	0	0	0	2	0
0	2	0	0	0	0	3	0	0	0	3
0	0	3	0				0	0	0	0

2. 矩阵元素求和

  sum(a)——按矩阵列求和.

  sum('a')——按矩阵行求和.

  sum(sum(a))——求矩阵总和.

3. 获取矩阵的维数

(1) size 函数.例如:

  [m,n]=size(A)——获取矩阵 **A** 的维数.其中,m 是行,n 是列.m=size(A,1),n=size(A,2).

(2) length 函数.例如:

  length(A)——获取矩阵 **A** 最大维的长度.

4. 矩阵下标

(1) 矩阵下标的含义.

A(L,K)表示矩阵 **A** 的第 L 行、第 K 列元素,A(k)表示矩阵 **A** 的第 k 个元素.

注意:MATLAB 是按列存取的.

(2) 利用下标修改矩阵元素值.

【例 10-7】 "A(2,3)=15;"表示 **A** 的第二行第三列的元素变成 15,其他行不变.

【例 10-8】 "A(2,1:3)=[5 10 15];"表示 **A** 的第二行变成 5 10 15,其他行不变.

也可利用 end 表示最后一个元素.A(2,1:end)表示矩阵 **A** 的第二行,与 A(2,:)相同.

5. 删除矩阵的行或列

利用空矩阵可从矩阵中删除指定的行或列.例如,删除第二行的语句为"B(2,:)=[ ];",删除第二列的语句为"B(:,2)=[ ];".

6. 几个常用的矩阵操作函数

(1) reshape 函数.

用 reshape 函数将矩阵元素重新排列.语法如下:

B=reshape(A,m,n)——将矩阵 **A** 的元素重排成一个 $m\times n$ 的矩阵 **B**.

(2) repmat 函数.

repmat 全称是 Replicate Matrix,意思是复制和平铺矩阵.语法如下:

B=repmat(A,m,n)——将矩阵 **A** 复制 $m\times n$ 块,即把 **A** 作为 **B** 的元素,**B** 由 $m\times n$ 个 **A** 平铺而成.

(3) cat 函数.

利用 cat 函数可将矩阵连接起来.

【**例 10-9**】 利用 cat 函数生成矩阵.

A=[1 2;3 4]; B=[5 6;7 8]; C=cat(3,A,B);

(4) find 函数的功能.

find 函数的功能是返回向量或者矩阵中不为 0 的元素的位置索引.

[r,c,v]=find(X);   % r 为行,c 为列,v 为具体值

【**例 10-10**】 利用 find 函数给满足条件的元素赋值.

x=0:pi/10:4*pi; y=sin(x);

ind=find(y>0.5);

y(ind)=0.5;   % y 中大于 0.5 的元素赋值为 0.5

plot(x,y);

axis([0 4*pi -1 1])

所绘制的曲线如图 10-13 所示.

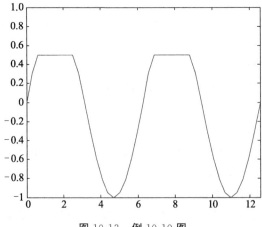

图 10-13 例 10-10 图

7. 矩阵算术运算

矩阵和数组的算术运算格式如下:

$A+B$、$A-B$、$A*B$、A/B、$A.*B$(A 和 B 相应的元素相乘)、$A./B$(A 和 B 相应的元素相除)、$A.\hat{}B$(A 每个元素的 B 对应元素次幂).

以上这些矩阵或阵列的算术运算是 MATLAB 的基本运算.

四、多项式运算

1. polyval——多项式估值运算

语法如下:

  polyval(P,s);

其中,P 为多项式,s 为数组.

【例 10-11】 计算多项式 $3x^3+2x-5$ 在点 $x=[3\ 4\ 5]$ 的值.

  P=[3 0 2 -5];
  x=[3 4 5];
  Y1=polyval(P,x);
  >> 82   195   380;

2. 多项式拟合

多项式拟合是用一个多项式来逼近一组给定的数据,是数据分析上的常用方法.

拟合函数 polyfit 的语法如下:

  p=polyfit(x,y,n)   %由 x 和 y 数据得出多项式 p

说明:x、y 向量分别为数据点的横、纵坐标;n 为拟合的多项式阶次;p 为拟合式,它是由 $n+1$ 个系数构成的行向量.

【例 10-12】 多项式的拟合举例.

  X=[1.1   2.6   3.4   4.3   5.0   5.7   6.3];
  Y=[157.6 243.2 369.4 482.0 585.6 774.8 923.4];
  P=polyfit(X,Y,2);
  X1=0:0.5:7;
  Y1=polyval(P,X1);
  plot(X1,Y1,X,Y,'*');
  legend('拟合曲线','拟合数据');

绘制的曲线如图 10-14 所示.

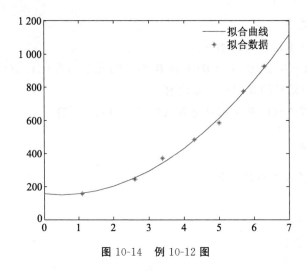

图 10-14 例 10-12 图

3. 插值运算

插值是利用函数 $f(x)$ 在某区间中已知的若干点 $x=[x1\ x2\ x3,\cdots,]$ 的函数值 $y=[y1\ y2\ y3,\cdots,]$ 作出适当的特定函数，在区间的其他点上用该函数的值作为函数 $f(x)$ 的近似值，这种方法称为插值法。如果这个特定函数是多项式，则称它为插值多项式。其语法如下：

  y1=interp1(x,y,x1,'method');

式中，'method' 表示采用的插值方法。MATLAB 提供的插值方法有：'nearest'（最邻近插值）、'linear'（线性插值）、'spline'（三次样条插值）、'pchip'（立方插值）。缺省时表示线性插值。

注意：所有的插值方法都要求 x 是单调的，并且 xi 不能够超过 x 的范围。

4. 多项式求根

语法如下：

  roots

【例 10-13】 求方程 $3x^3+2x-5=0$ 的根。

  P=[3 0 2 -5];
  >>h=roots(P)
  h=
   -0.5000 + 1.1902i
   -0.5000 - 1.1902i
   1.0000

五、变量的存取

存变量函数为 save，调用方法如下：

  save 文件名 变量名；

该函数将变量名中指出的变量所包含的数据存入文件名中，文件全名为"文件名.mat"。

例如：

  saveYuzhi X;   %文件名为 Yuzhi.mat，存放的是 X 的数据

取变量函数为 load，调用方法如下：

load 文件名;

该函数将变量读入 matlab 工作空间.例如：

load Yuzhi;

或者

load Yuzhi.mat;

10.6 MATLAB 绘图

MATLAB 具有强大的绘图功能,它提供了一系列的绘图函数,用户不需要过多地考虑绘图的细节,只需要给出一些基本参数,就能得到所需图形,这类函数称为高层绘图函数.此外,MATLAB 还提供了直接对图形句柄进行操作的方法.这类操作将图形的每个图形元素(如坐标轴、曲线、文字等)看作一个独立的对象,系统给每个对象分配一个句柄,可以通过句柄对该图形元素进行操作,而不影响其他部分.

一、二维绘图

1. plot 函数的基本用法

plot 函数用于绘制二维平面上的线性坐标曲线图,要提供一组 x 坐标和对应的 y 坐标,可以绘制分别以 x 和 y 为横、纵坐标的二维曲线.语法如下：

plot(x,y);

其中,x、y 为长度相同的向量,存储 x 坐标和 y 坐标.

【例 10-14】 plot 函数举例.

A=[1 1 1 1 1;1 2 3 4 5;1 3 6 10 15;1 4 10 20 35;
1 5 15 35 70];

plot(A);

绘制的图形如图 10-15 所示.

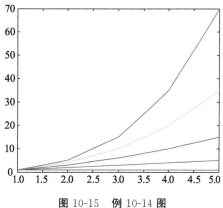

图 10-15 例 10-14 图

可以对 plot 函数的线的特性进行个性化设置,如线的颜色、粗细等属性,属性选项见表 10-3.

表 10-3 plot 函数属性选项及其标记符号

线型	颜色	标记符号	
——— 实线	b 蓝色	. 点	s 方块
- - - - - - 虚线	g 绿色	o 圆圈	d 菱形
—·—·— 点划线	r 红色	× 叉号	v 朝下三角符号
— — — 双划线	c 青色	+ 加号	∧ 朝上三角符号
	m 品红	* 星号	< 朝左三角符号
	y 黄色		> 朝右三角符号
	k 黑色		p 五角星
	w 白色		h 六角形

【例 10-15】 用不同的线型和颜色在同一坐标内绘制曲线及包络线.

x=(0:pi/100:2*pi);
y1=2*exp(-0.5*x)*[1,-1];
y2=2*exp(-0.5*x).*sin(2*pi*x);
x1=(0:12)/2;
y3=2*exp(-0.5*x1).*sin(2*pi*x1);
plot(x,y1,'k:',x,y2,'b--',x1,y3,'rp');

绘制的曲线及包络线如图 10-16 所示.

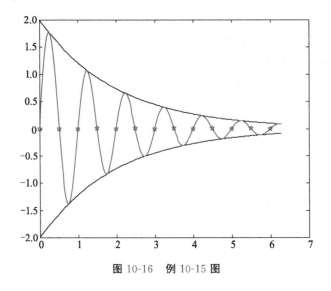

图 10-16 例 10-15 图

2. 图形标注

在绘制图形时,可以对图形加上一些说明,如图形的名称、坐标轴说明及图形某一部分的含义等,这些操作称为添加图形标注.有关图形标注函数的调用格式如下:

title('图形名称');
xlabel('x 轴说明');
ylabel('y 轴说明');
text(x,y,'图形说明');

```
axis([xmin xmax ymin ymax]);        %规定坐标显示范围,x 为 xmin~xmax,
                                      y 为 ymin~ymax
grid;                                %给坐标加网格线
legend('图例 1','图例 2');           %加图例,MATLAB 按绘制顺序自动选择
                                      相应文字
```

【例 10-16】 图形标注举例.

```
title('抛物运动轨迹','Color','k','FontSize',15)    %个性化文字大小和颜色
plot(X,Y,'o')
plot(X,Y,'r*','LineWidth',2)                      %个性化绘图颜色和线粗细
axis([0 80 0 12])
legend('不考虑阻力','考虑阻力')
hold on/off 命令
```

以上图形标注如图 10-17 所示.

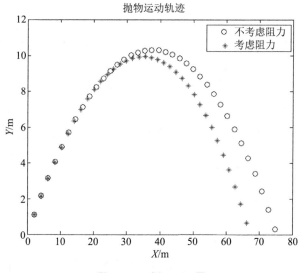

图 10-17　例 10-16 图

一般情况下,每执行一次绘图命令,图形窗口原有图形将被清除,如果希望在已经存在的图形上再继续添加新的图形,可以使用图形保持命令 hold on.

3. 图形窗口分割

利用 subplot 函数可将当前窗口分割成若干个绘图区,每个区域代表一个独立的子图,也是一个独立的坐标系,调用格式如下:

```
subplot(m,n,p);
```

该函数把当前窗口分成 m 行,每行 n 个绘图区.其中,第 p 区为当前活动区.

【例 10-17】 将窗口分割为三个区.

部分程序如下:

```
subplot(3,1,1),plot(x,y1);
```

subplot(3,1,2),plot(x,y2);

subplot(3,1,3),plot(x,y3);

执行结果如图 10-18 所示.

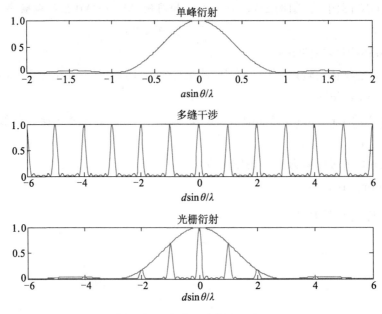

图 10-18　将窗口分割为三个区

4. 绘制二维图形的其他函数

在线性直角坐标中,其他形式的图形有条形图、阶梯图、离散数据图和填充图等,它们所采用的函数分别为

bar(x,y,'选项')

stairs(x,y,'选项')

stem(x,y,'选项')

fill(x1,y1,'选项 1',x2,y2,'选项 2',…)

【例 10-18】 分别以条形图、填充图、阶梯图和离散数据图形式绘制曲线.

程序如下:

x=0:0.35:7;

y=2*exp(−0.5*x);

subplot(2,2,1);bar(x,y,'g');   %条形图

title('bar(x,y,"g")'); axis([0,7,0,2]);

subplot(2,2,2); fill(x,y,'r');   %填充图

title('fill(x,y,"r")'); axis([0,7,0,2]);

subplot(2,2,3); stairs(x,y,'b');   %阶梯图

title('stairs(x,y,"b")'); axis([0,7,0,2]);

subplot(2,2,4); stem(x,y,'k');   %离散数据图

title('stem(x,y,"k")'); axis([0,7,0,2]);

绘制的曲线如图 10-19 所示.

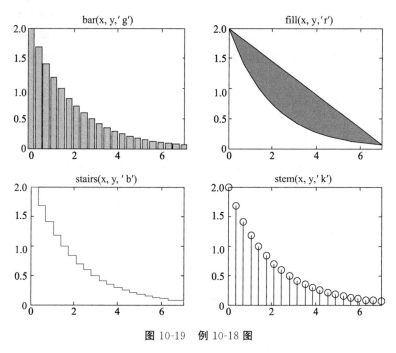

图 10-19　例 10-18 图

二、三维绘图

1. 三维曲线绘制

plot3 函数将二维绘图函数 plot 的有关功能扩展到三维空间,可以用来绘制三维曲线.语法如下:

　　　　plot3(x1,y1,z1,'选项1',x2,y2,z2,'选项2',…);

其中,每一组 x、y、z 组成一组曲线的坐标参数,选项的定义和 plot 的选项一样.当 x、y、z 是同维向量时,x、y、z 对应元素构成一条三维曲线.当 x、y、z 是同维矩阵时,则以 x、y、z 对应列元素绘制三维曲线,曲线条数等于矩阵的列数.

【**例 10-19**】　绘制三维曲线举例.

程序如下:

```
t=0:pi/50:2*pi;
x=8*cos(t);
y=4*sqrt(2)*sin(t);
z=-4*sqrt(2)*sin(t);
plot3(x,y,z,'p');
title('Line in 3-D Space');
text(0,0,0,'origin');
xlabel('\itX');ylabel('\itY');zlabel('\itZ');
grid;
```

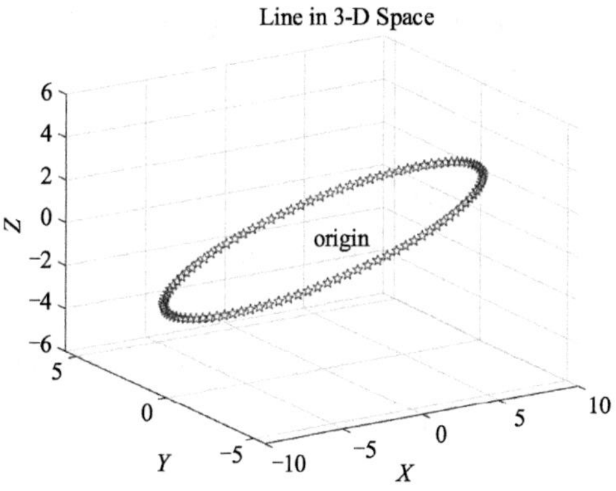

图 10-20　例 10-19 图

绘制的三维曲线如图 10-20 所示.

2. 三维曲面绘制

当绘制 $z=f(x,y)$ 所代表的三维曲面图时,先要在 xy 平面选定一矩形区域,假定矩形区域为 $D=[a,b]\times[c,d]$,然后将 $[a,b]$ 在 x 方向分成 m 份,将 $[c,d]$ 在 y 方向分成 n 份,把区域 D 分成 $m\times n$ 个小矩形.生成代表每一个小矩形顶点坐标的平面网格坐标矩阵,最后利用有关函数绘图.

(1) 产生平面区域内的网格坐标矩阵方法:

  x=a:dx:b;
  y=c:dy:d;
  [X,Y]=meshgrid(x,y); %产生平面区域内的网格坐标矩阵

(2) 绘制三维曲面的函数.

MATLAB 提供了 mesh 函数和 surf 函数来绘制三维曲面图.mesh 用于绘制三维网格图,surf 用于绘制三维曲面图.语法如下:

  mesh(x,y,z);
  surf(x,y,z);

【例 10-20】 用 mesh 函数绘制三维网格图.

程序如下:

  x=0:0.1:2*pi;
  [x,y]=meshgrid(x); %当 x=y 时
  z=sin(y).*cos(x);
  mesh(x,y,z);
  xlabel('\itX'),ylabel('\itY'),
  zlabel('\itZ');
  title('mesh');

绘制的三维图形如图 10-21 所示.

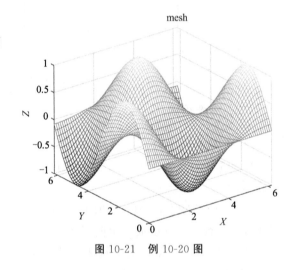

图 10-21 例 10-20 图

【例 10-21】 用 surf 函数绘制三维曲面图.

程序如下:

  x=0:0.1:2*pi;
  [x,y]=meshgrid(x); %当 x=y 时
  z=sin(y).*cos(x);
  surf(x,y,z);
  xlabel('\itX'),ylabel('\itY');
  zlabel('\itZ');
  title('surf');

绘制的三维图形如图 10-22 所示.

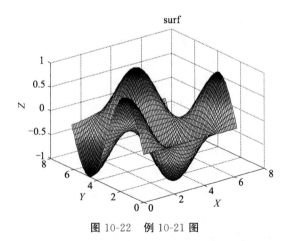

图 10-22 例 10-21 图

(3) 视点处理.

从不同视点绘制的三维图形的形状也是不一样的.视点位置可由方位角和仰角

表示.

MATLAB 提供了设置视点的函数 view,其调用格式如下:

view(az,el);

其中,az 为方位角,el 为仰角,它们均以度为单位.系统默认的视点定义为方位角-37.5°,仰角 30°.

【例 10-22】 视点处理举例.

下面程序给出同一个物体四个视角的三维图形.

t=0:pi/20:2*pi;

[x,y,z]=cylinder(2+sin(t),30);

%cylinder 函数用于绘制柱面,30 表示在圆柱圆周上有 30 个间隔点

subplot(2,2,1);surf(x,y,z);

view(-37.5,30);

title('-37.5,30');

subplot(2,2,2);surf(x,y,z);

view(0,90);

title('0,90');

subplot(2,2,3);surf(x,y,z);

view(90,0);

title('90,0');

subplot(2,2,4);surf(x,y,z);

view(-7,-10);

title('-7,-10');

绘制的三维图形如图 10-23 所示.

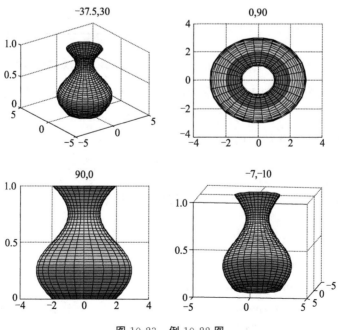

图 10-23　例 10-22 图

第 11 章 MATLAB 在仿真中的应用

11.1 光的干涉仿真

一、杨氏双缝干涉

入射的平行光投射到开有狭缝 S_0 的挡光屏 A 上，从狭缝 S_0 处出射的光因衍射(绕射)而散开，并继续投射在开有两条平行狭缝 S_1 和 S_2 的挡光屏 B 上. S_1 和 S_2 相当于两个相干光源，在观察屏 C 上可见明暗相间的干涉条纹，如图 11-1 所示.

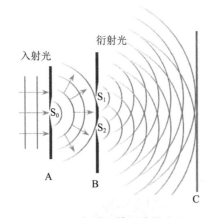

图 11-1 杨氏双缝干涉原理图

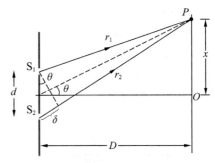

图 11-2 杨氏双缝干涉光路图

杨氏双缝干涉光路图如图 11-2 所示，对于屏上一点 P，S_1 和 S_2 在 P 点产生的光强为

$$I_P = I_1 + I_2 + 2\sqrt{I_1 I_2}\cos\theta$$

若 $I_1 = I_2 = I_0$，可以推导出 P 点的光强为

$$I_P = 4I_0 \cos^2\left(\frac{\theta}{2}\right) = 4I_0 \cos^2\left(\frac{\pi d}{\lambda D}x\right)$$

用 MATLAB 仿真屏幕上 P 点的光强，仿真程序如下：

```
clear
close
wavelength=str2double(inputdlg('Please input wavelength:',...
        'input wavelength(nm)',1,{'620'}));
wavelength=wavelength*1e-6;           %波长单位转换为 mm
%******常数设置,单位为 mm******
```

```
D=100;
d=0.002;
%************************
I0=1 255/4;
Imax=4*I0;                              %最大光强,$I_{max}=4I_0$
N=1 000;
y=1:100;                                %设定屏幕y方向的范围
Xmax=3*wavelength*D/d;
x=linspace(-Xmax,Xmax,N);               %设定屏幕x方向的范围
fai=pi*d/(wavelength*D)*x;              %$\varphi$,双光束相位差
I=Imax*cos(fai).^2;                     %双缝干涉光强公式
subplot(2,1,1),plot(x,I(:)/max(I));     %显示屏幕上光强与分布
title('双缝干涉')
axis([x(1) x(N) 0 1]);
subplot(2,1,2),image(x,y,I)             %x,y 为向量
                                        %给出x轴和y轴的范围
colormap(gray(255))
```

当波长为 620 nm 时,仿真结果如图 11-3 所示.

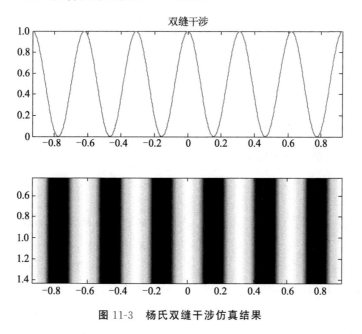

图 11-3　杨氏双缝干涉仿真结果

二、牛顿环干涉

牛顿环是一种观察等厚干涉的实验装置.它将一块曲率半径 R 很大的平凸透镜的凸面放置在一块平面玻璃上,这样透镜与平面玻璃之间就会形成厚度不均匀的空气薄层.

一束入射光线在空气层的上、下表面反射的两束光均来自该入射光线,因此是相干光.

设两块玻璃接触点为 O,只要透镜凸面的曲率半径 R 很大,则从正上方观察就可以看到以 O 点为中心的一系列等厚圆形干涉条纹.牛顿环装置的外形和光路原理图如图 11-4 所示.

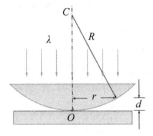

图 11-4 牛顿环装置的外形和光路原理图

厚度为 d 的薄膜上下面两束反射光之间的光程差为

$$\Delta L = 2nd + \frac{\lambda}{2}$$

式中,$\lambda/2$ 为在空气膜下表面反射时附加光程差,即半波损失.当光程差满足下式时出现的是相长干涉的亮环:

$$2nd + \frac{1}{2}\lambda = k\lambda, \ k=1,2,\cdots$$

当光程差满足下式时出现的是相消干涉的暗环:

$$2nd + \frac{1}{2}\lambda = \left(k + \frac{1}{2}\right)\lambda, \ k=1,2,\cdots$$

牛顿环上厚度为 d 处的光强为

$$I_d = \frac{1}{2} I_{\max} \cos^2\left(\frac{\varphi}{2}\right) = I_{\max}(1+\cos\varphi)$$

式中,$\varphi = \frac{2\pi}{\lambda}\Delta L = \frac{2\pi}{\lambda}\left(2nd + \frac{\lambda}{2}\right)$,$I_{\max} = 4I_0$,$I_0$ 为初始光强.

牛顿环干涉条纹仿真程序如下:

```
close all
clear all
R=1.05e+3;                      %球面的曲率半径,单位:mm
I0=0.5;                         %入射光强
Imax=4*I0;
Lamda=589.3e-6;                 %入射光波长,单位:mm
rmax=2.0;                       %观察干涉条纹区域,单位:mm
N=800;                          %观察区域的采样点数
x=linspace(-rmax,rmax,N);[X,Y]=meshgrid(x);
r=sqrt(X.^2+Y.^2);
deta=r.^2/R+Lamda/2;            %厚度d处上下薄膜反射光的光程差
fai=deta.*2*pi/Lamda;           %相位差
```

```
I=0.5*Imax*(1+cos(fai));    %厚度d处上下薄膜反射光干涉后光强
imshow(I);                   %显示干涉图形
title('牛顿环干涉条纹','Color','black','FontSize',15);
```

牛顿环干涉仿真结果如图11-5所示.

图11-5　牛顿环干涉仿真结果

三、迈克耳孙干涉仪

1881年,美国物理学家迈克耳孙和莫雷合作,为研究"以太"漂移设计并制造出了一种光学仪器,称为迈克耳孙干涉仪[图11-6(a)].利用迈克耳孙干涉仪可以观察等倾干涉条纹.迈克耳逊干涉仪光路原理图如图11-6(b)所示.

(a)

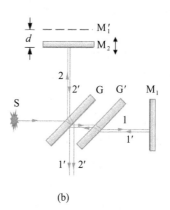

(b)

图11-6　迈克耳孙干涉仪的外形和迈克耳孙干涉仪光路原理图

图11-6(b)中扩展光源S上某点发出的光投射在分束镜G上,分束镜是在一块厚度均匀的光学平板玻璃的背面镀上一层很薄的银层,使入射光强透过一半、反射一半.透过G的光线1向平面反射镜M_1传播,而从G上反射的光线2则向平面反射镜M_2传播.这两束光线经M_1和M_2反射后成为光线$1'$和$2'$,并分别经分束镜G反射和透射后成为两束平行的相干光,可通过望远镜或观察屏看到干涉条纹.平面镜M_1经过分束镜G的镀银层,可在平面镜

M_2 附近形成 M_1 的虚像 M_1'. 这样，原来入射和反射于 M_1 的光线 1 和 1' 可等效地看作是入射并反射于 M_1' 的，即 M_1' 和 M_2 相当于一层厚度为 d 的空气薄膜的两个表面. 所有相同倾角 i 的入射光形成一个圆锥面. 显然，所有沿该圆锥面的入射光被分束镜反射后均以相同的入射角 i 入射在薄膜上，这些入射光经薄膜上、下表面的反射后得到的两束相干光的光程差都相等. 这些平行的相干光在望远镜焦平面或观察屏上聚焦在同一个圆周上. 倾角不同的相干光聚焦在半径不同的圆周上，因此在屏幕上观察到的等倾干涉条纹是一系列明暗相间的同心圆环.

经薄膜上、下平面反射的双光束在观察平面上的光程差为

$$\Delta L = 2d\cos i$$

式中，i 是光源在 M_1 上的入射角. 入射角度为 i 时观察平面上的光强为

$$I = I_{max}\cos^2\left(\frac{\varphi}{2}\right) = I_{max}\frac{(1+\cos\varphi)}{2}$$

式中，$\varphi = \frac{2\pi}{\lambda}\Delta L$, $I_{max} = 4I_0$, I_0 初始光强.

迈克耳孙干涉仿真程序如下：

```
close all
clear all
d=0.2;                              % 干涉膜厚度，单位:mm
f=100;                              % 成像透镜焦距，单位:mm
Lamda=589.3e-6;                     % 入射光波长，单位:mm
rmax=12;                            % 观察屏上观察区域
N=800;                              % 观察区域采样点数
x=linspace(-rmax,rmax,N);
I0=130;
Imax=4*I0;
[X,Y]=meshgrid(x);                  % 坐标轴取值
r=sqrt(X.^2+Y.^2);
i=atan(r/f);
deta=2*d*cos(i);
fai=deta.*pi*2/Lamda;
z=0.5*Imax*(1+cos(fai));
H=imshow(uint8(z));
title('迈克耳孙干涉条纹','Color','r','FontSize',12);
```

图 11-7 给出了迈克耳孙干涉仿真结果.

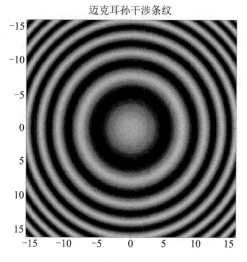

图 11-7　迈克耳孙干涉仿真结果

图 11-6(b)中反射镜 M_2 是可以移动的.如果平移 M_2,其结果相当于使等效空气膜的厚度 d 改变,干涉条纹将发生可以观察到的变化.反射镜 M_2 每平移 $\lambda/2$ 的距离,相当于光程差改变一个波长 λ,可观察到一条明纹或暗纹的移动.当薄膜厚度 d 增加 $\lambda/2$,可观察到向外冒出一个条纹,相反则向里消失一个条纹.

在上面仿真的基础上,加上下面程序可以实现迈克耳孙干涉仪动态仿真:

```
k=1;
xlabel('请单击空格键停止此动画页面!',...    'fontsize',12,'color','black');
while k;                        % 控制循环是否继续
s=get(gcf,'currentkey');        % 获取键盘操作信息
if strcmp(s,'space');           % 判断是否为 space 键
k=0;                            % k=0 循环终止
end;
d=d+0.00003;                    % 干涉薄膜每次增加的厚度
                                  单位:mm
pause(0.2);                     % 暂停 0.2 s,以便观察条纹变化
deta=2*d*cos(i);                % ΔL=2dcosi,光程差
fai=deta.*pi*2/Lamda;           % φ 为相位差
z=I0*(1+cos(fai));
set(H,'CData',z);               % CData 指的是 H 图形中的数据
end
```

11.2 光的衍射仿真

一、单缝夫琅禾费衍射

在图 11-8 所示的单缝夫琅禾费衍射装置的示意图中，S 为放置在透镜 L_1 焦平面上的单色线光源，因此光线通过 L_1 后会形成一束平行光照射在与线光源平行的单缝 M 上，这束平行光中的一部分穿过单缝后，再经过透镜 L_2，会在 L_2 焦平面处的观察屏 E 上产生一组明暗相间的平行直条纹．

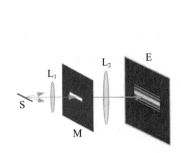

图 11-8　单缝夫琅禾费衍射装置示意图

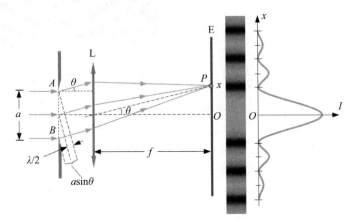

图 11-9　单缝夫琅禾费衍射光路图

在图 11-9 所示的单缝夫琅禾费衍射光路图中，设单缝的宽度为 a，透镜 L 的焦距为 f，观察屏 E 置于透镜 L 的焦平面上，单色平行光垂直入射单缝，因此入射光波在单缝处的波面为一平面 AB，AB 上各子波源的初相位是相同的．各子波发出的光可以沿各个方向传播，我们把沿某一方向传播的子波波线与单缝所在平面的法线之间的夹角称为衍射角，用 θ 表示．衍射角 θ 相同的一组平行光线经过透镜 L 后，聚焦在观察屏上的同一点 P．

观察屏上 P 点的光强为

$$I = I_0 \left(\frac{\sin \alpha}{\alpha} \right)^2$$

式中，$\alpha = \dfrac{\pi a \sin \theta}{\lambda}$，$I_0$ 为观察屏上中心点的光强最大值．

令

$$z = \frac{a \sin \theta}{\lambda} \approx \frac{a \cdot x}{\lambda \cdot f}$$

观察屏上光强分布的仿真程序如下：

```
clear
close
%%%%%常数设置%%%%%
y=1:50;                              % 观察屏上观察区域宽度,即 y 方向
```

```
I0=255;                              % 光源光强
%%%%%%%%%%%%%%%%
N=500;
z=linspace(-4,4,N);                  % 设定z的范围
I=I0*((sin(pi*z)./(pi*z)).^2);       % 单缝衍射光强公式
subplot(2,1,1),plot(z,I/max(I));     % 显示屏上绘制光强分布曲线
title('单缝衍射');
xlabel('{\ita}sin\it\theta/{\it\lambda}');
axis([z(1) z(N) 0 1]);
subplot(2,1,2),image(z,y,I);         % 显示屏上绘制干涉图
colormap(gray(255));
```

仿真结果如图 11-10 所示.

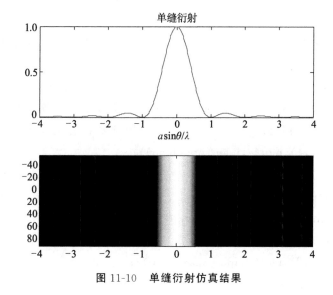

图 11-10　单缝衍射仿真结果

二、光栅夫琅禾费衍射

如图 11-11 所示,设衍射屏上有 N 条等宽、等间距并且相互平行的狭缝,每条狭缝的宽度都为 a,相邻狭缝间不透光部分的宽度为 b,则相邻两狭缝之间的间距 $d=a+b$.

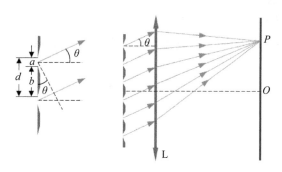

图 11-11　光栅夫琅禾费衍射光路图

多缝夫琅禾费衍射的光强公式为

$$I_\theta = I_0 \left(\frac{\sin\alpha}{\alpha}\right)^2 \left(\frac{\sin N\beta}{\sin\beta}\right)^2$$

式中,$\alpha = \frac{\pi a \sin\theta}{\lambda}$,$\beta = \frac{\pi d \sin\theta}{\lambda}$,$I_0$ 为观察屏上中心点的光强最大值.令

$$z = \frac{a\sin\theta}{\lambda} \approx \frac{a \cdot x}{\lambda \cdot f}$$

光栅衍射仿真程序如下:

```
%%%%%常数设置%%%%%%%%%%%
N=6;                              % 狭缝数量
I0=255;                           % 最大光强
Nx=500;                           % 观察区采样点数
M=3;                              % M=d/a,d 为光栅常数,a 为狭缝宽度
%%%%%%%%%%%%%%%%%%%%%%%
z=linspace(-2,2,Nx);              % 设定图像的观察范围
y=M*z;
Idan=((sin(pi*z)./(pi*z)).^2);    % 单缝衍射光强公式
Iduo=(sin(pi*y*N)./sin(pi*y)).^2; % 多缝干涉光强公式
I=I0*Idan.*Iduo;                  % 光栅衍射光强公式
subplot(3,1,1),plot(z,Idan/max(Idan));
                                  % 观察屏上绘制光强分布曲线
title('单缝衍射');
xlabel('{\ita}sin\it\theta/{\it\lambda}');
axis([z(1) z(Nx) 0 1]);
subplot(3,1,2),plot(y,Iduo/max(Iduo));
title('多缝干涉');
xlabel('{\itd}sin\it\theta/{\it\lambda}');
axis([y(1) y(Nx) 0 1]);
subplot(3,1,3),plot(y,I/max(I),y,Idan/max(Idan),':');
title('光栅衍射');
axis([y(1) y(Nx) 0 1]);
```

在图 11-12 中给出了单缝衍射、多缝干涉和光栅衍射的仿真结果.

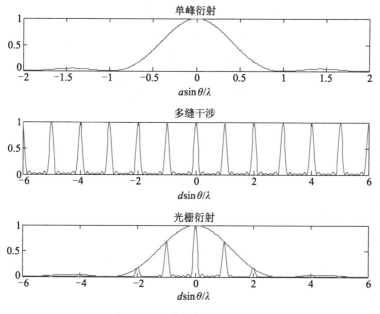

图 11-12 光栅衍射仿真结果

11.3 测量分析实例

一、圆形薄板二维驻波的仿真

图 11-13 为二维驻波测量装置,装置的上方为一块水平放置的厚度均匀的均质圆形薄钢板.让振源与支撑点重合于圆心 O,钢板的厚度为 $2h$ 且很薄,钢板的半径为 a.借助信号发生器使振源以频率 f 垂直板面沿竖直方向做简谐运动.

设钢板的密度为 ρ,杨氏模量为 Y.以圆心为原点,取极坐标 (r,θ),则任意点 t 时刻的竖直方向的振动位移为 $Z(r,\theta,t)$,根据声学和弹性力学的知识,Z 满足以下方程:

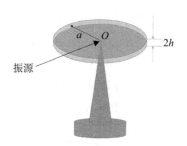

图 11-13 二维驻波测量装置

$$\nabla^4 Z + \frac{1}{c^2}\frac{\partial^2 Z}{\partial t^2}=0$$

式中,$\frac{1}{c^2}=\frac{3\rho(1-\mu^2)}{Yh^2}$,$\mu$ 为泊松比,对多数材料,μ 为 0.25~0.33.

当形成驻波时,振动坐标和时间可分离变量,上式解的形式为

$$Z=Z_{on}(r)\cdot e^{-i\omega_{on}t}$$

$$Z_{on}(r)=A_{on}\left[J_0(k_{on}r)-\frac{(k_{on}a)J_0''(k_{on}a)+\mu J_0'(k_{on}a)}{(k_{on}a)I_0''(k_{on}a)+\mu I_0'(k_{on}a)}\cdot I_0(k_{on}a)\right]$$

式中 $k_{on}=\sqrt{\frac{\omega_{on}}{c}}=\sqrt{\frac{2\pi f_{on}}{c}}$,$f_{on}$ 为振源振动频率,$J_m(x)$ 为 m 阶第一类贝塞尔函数,$I_m(x)$ 为 m 阶修正第一类贝塞尔函数.计算中利用了下列贝塞尔函数递推公式:

$$xJ_n'(x) + nJ_n(x) = xJ_{n-1}(x)$$

$$I_n(x) = j^{-n}J_n(jx)$$

$$J_0'(x) = -J_1(x)$$

$$J_0''(x) = -J_0(x) + \frac{J_1(x)}{x}$$

$$I_0'(x) = I_1(x)$$

$$I_0''(x) = j\frac{I_1(x)}{x} - I_0(x)$$

$Z_{on}(r)$ 仿真程序如下：

```
close all
clear all
f=7300;                              % 振源的频率
h=0.75e-3;                           % 钢板的半厚度,单位:m
Y=210e9;                             % 杨氏模量,Y=210*10^9
ro=7.8e3;                            % ρ为钢板的密度,ρ=7.8*10^3 kg/m^3
mu=0.28;                             % μ为泊松比
a=0.2;                               % 圆盘的半径,单位：m
c=sqrt(Y*h^2/(3*ro*(1-mu^2)));
Omigon =2*pi*f;
kon=sqrt(Omigon/c);
%%%%%
r=0:0.001:a;
Q=linspace(0,2*pi,50);
[r,Q]=meshgrid(r,Q);
r=kon*r;
J0=besselj(0,r);                     % m=0,第一类贝塞尔函数
J1=besselj(1,r);                     % m=1,第一类贝塞尔函数
I0=besseli(0,r);                     % m=0,修正第一类贝塞尔函数
I1=besseli(1,r);                     % m=1,修正第一类贝塞尔函数
Zon1=real(besselj(0,r)-((kon*a*(besselj(1,kon*a)./r-
    besselj(0,kon*a))-mu*besselj(1,kon*a))./
    ((kon*a*(i*besseli(1,kon*a)./r-besseli(0,kon*a)))+
    mu*besseli(1,kon*a))).*besseli(0,r));
                                     % real 为取实部
x=r.*cos(Q);
y=r.*sin(Q);
r=0:0.001:0.2;
mesh(x,y,Zon1);
```

text(-10,40,0.8,['共振频率:',num2str(f),'Hz']);
text(-10,40,0.7,['圆盘半厚度:',num2str(H),'mm']);

动态驻波的仿真程序如下:
```
xmax=max(max(x));
ymax=max(max(y));
t=0:0.00001:100;
for i=1:50
Z=Zon1*sin(Omigon*t(i));
mesh(x,y,Z);                              % 绘制三维曲面图
axis([-xmax xmax -ymax ymax -1.5 1.5]);   % 设置三维坐标轴的范围
pause(0.1);
getframe();                               % 捕获显示在屏幕上的当前坐标区作为视频帧
end
```

二、磁体在非铁磁金属管中下落仿真

如图 11-14 所示,磁体沿垂直方向在非铁磁金属管中下落.在磁体下落过程中,下方非铁磁金属管的磁通量增加,金属管将产生感生电流,感生电流产生的磁场对磁体产生阻力.随着下落速度的增加,阻力增大,最终阻力与重力相等,磁体以速度 v_t 匀速下落(称 v_t 为终结速度).磁体下降速度与时间的关系为

$$v=v_t(1-e^{-\frac{t}{\tau}})$$

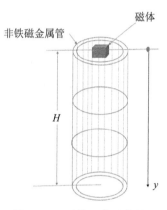

图 11-14 磁体下落示意图

式中,$v_t=\dfrac{mg}{k}$;$\tau=\dfrac{m}{k}$;$k=\dfrac{15}{1\,024}\mu_0^2 m_B^2 \sigma\left(\dfrac{1}{a^3}-\dfrac{1}{b^3}\right)$;$m$ 为磁体的质量,设 $m=0.132$ kg;μ_0 为真空磁导率,$\mu_0=4\pi\times 10^{-7}$ H/m;τ 是时间常数;m_B 为磁体的磁矩(待测);σ 为金属管的电导率,对于铜管,$\sigma=1.4\pi\times 10^7$ S/m;a、b 为金属管的内、外半径,设 $a=10$ mm,$b=15$ mm.

根据

$$v=v_t(1-e^{-\frac{t}{\tau}})=\frac{dy}{dt}$$

对上式积分,得到落体下落位置与时间 t 的关系为

$$y=v_t[t-\tau(1-e^{-\frac{t}{\tau}})]$$

通过实验测得 v_t,再利用关系

$$v_t=\frac{mg}{k}$$

最终计算出磁体的磁矩 m_B,即

$$m_B=\frac{1\,024mg}{15\mu_0^2 \sigma v_t\left(\dfrac{1}{a^3}-\dfrac{1}{b^3}\right)}$$

MATLAB仿真程序如下：

```
vt=1.2;                          % 测得终结速度
m=0.132;                         % 磁体的质量
sigma=1.4*pi*1e7;                % 金属管的电导率
g=9.8;
u0=4*pi*1e-7;                    % 真空磁导率
a=10*1e-3;                       % 金属管的内径
b=15*1e-3;                       % 金属管的外径
k=m*g/vt;
k0=(15/1024)*u0^2*sigma*(1/a^3-1/b^3);
mb= k/k0;                        % 磁体磁偶极矩
t0=m/k;
%************
t=0:0.2:4.0;
y=vt*(t-t0*(1-exp(-t/t0)));
v=vt*(1-exp(-t/t0));
x=0.7*ones(length(t));
Y=y;
y=2-y;                           % 此处2为起始下落高度,单位:m
K=0;
for i=1:length(t)
plot(x(i),y(i),'rO','MarkerSize',10);
axis([0 2 0 2]);
ylabel('h(m)');
hold on
    if i<=length(t)-1
      if abs( v(i+1)-v(i))<=0.01
        K=K+1;
        if K==1
          text(x(i)+0.05,y(i),['开始匀速下降,时间',num2str(t(i)),'s']);
        end
      end
    end
    pause(0.2)
end
text(0.8,0.5,['落体磁矩:',num2str(mb),'A.m^2'],'fontsize',12);
```

11.4 电学仿真实例

【例 11-1】 均匀带电荷线与带有圆柱形凸起的接地导体平板形成的电场问题是一种具有典型意义的静电场配置问题.如图 11-15 所示,接地导体平板的半径为 R,张角为 2α,在距圆柱轴心 O 距离 ρ_0 处有一个线电荷密度为 λ 的带电荷线.

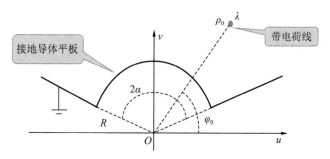

图 11-15 带电荷线与带有圆柱形凸起的接地导体平板

根据理论推导,空间电势分布为

$$U = -\frac{\lambda}{4\pi\varepsilon_0} \ln \frac{\left[\rho^{\frac{\pi}{\alpha}} + \rho_0^{\frac{\pi}{\alpha}} - 2(\rho_0\rho)^{\frac{\pi}{2\alpha}} \cos\frac{\pi}{2\alpha}(\varphi-\varphi_0)\right] \left[\rho^{\frac{\pi}{\alpha}} + \left(\frac{R^2}{\rho_0^2}\right)^{\frac{\pi}{\alpha}} \rho_0^{\frac{\pi}{\alpha}} - 2(\rho_0\rho)^{\frac{\pi}{2\alpha}} \left(\frac{R^2}{\rho_0^2}\right)^{\frac{\pi}{2\alpha}} \cos\frac{\pi}{2\alpha}(\varphi+\varphi_0)\right]}{\left[\rho^{\frac{\pi}{\alpha}} + \rho_0^{\frac{\pi}{\alpha}} - 2(\rho_0\rho)^{\frac{\pi}{2\alpha}} \cos\frac{\pi}{2\alpha}(\varphi+\varphi_0)\right] \left[\rho^{\frac{\pi}{\alpha}} + \left(\frac{R^2}{\rho_0^2}\right)^{\frac{\pi}{\alpha}} \rho_0^{\frac{\pi}{\alpha}} - 2(\rho_0\rho)^{\frac{\pi}{2\alpha}} \left(\frac{R^2}{\rho_0^2}\right)^{\frac{\pi}{2\alpha}} \cos\frac{\pi}{2\alpha}(\varphi-\varphi_0)\right]}$$

(11-30)

式中,λ 为线电荷密度,ε_0 为真空介电常数.当 U 取不同值,给出不同的等势面.

MATLAB 仿真程序如下:

```
epslo=8.85*10^(-12);              % 介电常数
lambda=1*10^(-8);                 % 电荷线密度
K=lambda/(4*pi*epslo);
R=2;                              % 导体柱的半径
alfa=pi/6;                        % 导体柱缺口角度的一半
fi0=pi/4;                         % 带电导线所在方位角
r0=2*R;                           % 带电导线所在半径
%*************
syms x y;
for U=0:0.1:3.5
    r=sqrt(x^2+y^2);
    fi=atan(y/x);
    f1=r^(pi/alfa)+r0^(pi/alfa)-2*(r*r0)^(pi/(2*alfa))*
       cos(pi/(2*alfa)*(fi-fi0));
    f2=(r*r0)^(pi/alfa)+R^(2*pi/alfa)-2*(R^2*r*r0)^(pi/(2*alfa))*
       cos(pi/(2*alfa)*(fi+fi0));
```

```
    f3=r^(pi/alfa)+r0^(pi/alfa)-2*(r*r0)^(pi/(2*alfa))*cos(pi/(2*alfa)*
        (fi+fi0));
    f4=(r*r0)^(pi/alfa)+R^(2*pi/alfa)-2*(R^2*r*r0)^(pi/(2*alfa))*
        cos(pi/(2*alfa)*(fi-fi0));
    f=-k*log((f1*f2)/(f3*f4))+U;
    xlabel('\itx');
    ylabel('\ity');
    h=ezplot(f,[0 8 0 8]);
    hold on;
    end
```

程序仿真结果如图 11-16 所示。

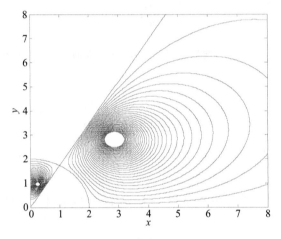

图 11-16　线电荷周围等势面仿真结果

11.5　页面设计实例

图 11-17 给出了 MATLAB 页面设计的一个例子（原题见 11.3 节中圆形薄板二维驻波的仿真）。本节通过此例介绍页面设计方法。

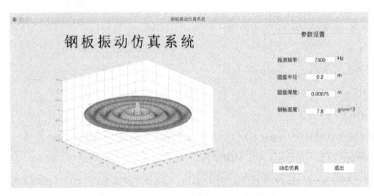

图 11-17　MATLAB 页面设计实例

程序包括一个主程序和一个子程序.主程序完成页面设计,计算参数初始化.子程序完成振动仿真计算.

主程序如下：

```
close all
clear all
% 定义全局变量
global   H AXE
global   f1 h1 r1 a1
global   Calculate
% 设置显示界面
H=figure('Position',[110 100 1080 550]);     % 设置界面大小
set(H,'Name','钢板振动仿真系统','NumberTitle','off','Menubar','none',
    'Resize','off','Visible','off');
movegui(H,'center');
set(H,'Visible','on');
% 设置显示界面中左边图像的大小
AXE=axes(H,'units','pixel','Position',[50 40 670 470]);
set(AXE,'xtickLabel',[],'ytickLabel',[],'tickLength',[0 0]);
COVER =imread('gangbancover.png');
                            % 读取界面显示图片(名称 gangbancover.png)
h1=imshow(COVER);              % 显示图像
% 设置参数设置框的大小,此例中有两个参数设置框
Panel2 =uipanel(H,'units','pixel','Position',[770 140 290 340]);
set(Panel2,'Title','参数设置','TitlePosition','CenterTop','FontSize',18);
Panel3 =uipanel(H,'units','pixel','Position',[770 40 290 80]);
% * * * * * * * * * * * * * * * * * * * * * * * * * * * * *
% 参数菜单,此例中计算需要输入四个参数
Text1 =uicontrol(Panel2,'Style','text','Position',[35 240 90 25]);
set(Text1,'String','振源的频率：','FontSize',15,'HorizontalAlignment','left');
f1 =uicontrol(Panel2,'Style','edit','Position',[120 245 90 18]);
set(f1,'String','','FontSize',15,'HorizontalAlignment','center');
Text2 =uicontrol(Panel2,'Style','text','Position',[215 245 90 25]);
set(Text2,'String','Hz','FontSize',15,'HorizontalAlignment','left');
Text3 =uicontrol(Panel2,'Style','text','Position',[35 190 90 25]);
set(Text3,'String','圆盘的半径：','FontSize',15,'HorizontalAlignment','left');
a1 =uicontrol(Panel2,'Style','edit','Position',[120 195 90 18]);
set(a1,'String','','FontSize',15,'HorizontalAlignment','center');
Text4 =uicontrol(Panel2,'Style','text','Position',[215 195 90 25]);
```

```
set(Text4,'String','m','FontSize',15,'HorizontalAlignment','left');
Text5 = uicontrol(Panel2,'Style','text','Position',[35 145 90 25]);
set(Text5,'String','圆盘的厚度:','FontSize',15,'HorizontalAlignment','left');
h1 = uicontrol(Panel2,'Style','edit','Position',[120 145 90 18]);
set(h1,'String','','FontSize',15,'HorizontalAlignment','center');
Text6 = uicontrol(Panel2,'Style','text','Position',[215 145 90 25]);
set(Text6,'String','m','FontSize',15,'HorizontalAlignment','left');
Text7 = uicontrol(Panel2,'Style','text','Position',[35 95 90 25]);
set(Text7,'String','钢板的密度:','FontSize',15,'HorizontalAlignment','left');
r1 = uicontrol(Panel2,'Style','edit','Position',[120 95 90 18]);
set(r1,'String','','FontSize',15,'HorizontalAlignment','center');
Text8 = uicontrol(Panel2,'Style','text','Position',[215 95 90 25]);
set(Text8,'String','g/cm^3','FontSize',15,'HorizontalAlignment','left');
% 设置参数初值
set(f1,'String',7300);           % 共振频率,单位:Hz
set(a1,'String',0.2);            % 圆盘的半径,单位:m
set(h1,'String',0.75e-3);        % 圆盘的半厚度,单位:m
set(r1,'String',7.8);            % 钢板的密度,单位:g/cm³
% 操作按钮
Calculate = uicontrol(Panel3,'Style','pushbutton','Position',[20 20 100 35]);
set(Calculate,'String','动态仿真','FontSize',15,'Callback','zhuboceliang');
% zhuboceliang 为子程序文件名
Exit = uicontrol(Panel3,'Style','pushbutton','Position',[170 20 100 35]);
set(Exit,'String','退出','FontSize',15,'Callback','close all;clear globel;
    clear vars;clc;');
```

子程序如下:

```
% 圆盘钢板振动仿真子程序
global f1 a1 r1 h1                    % 定义全局变量
f = str2double(get(f1,'string'));     % 共振频率
a = str2double(get(a1,'string'));     % 圆盘的半径,单位:m
h = str2double(get(h1,'string'));     % 圆盘的半厚度,单位:m
ro = str2double(get(r1,'string'));    % 钢板的密度,单位:g/cm³
Y = 210e9;                            % 杨氏模量,Y=210*10⁹,单位:N/m²
ro = ro * 1e3;                        % 钢板的密度,单位:kg/m³
mu = 0.28;                            % 泊松比
C = sqrt(Y * h^2/(3 * ro * (1-mu^2)));
Omigon = 2 * pi * f;
kon = sqrt(Omigon/C);
```

```matlab
%%%%%%%
r=0:0.001:a;
Q=linspace(0,2*pi,50);
[r,Q]=meshgrid(r,Q);
r=kon*r;
J0=besselj(0,r);                    % m=0,第一类贝塞尔函数
J1=besselj(1,r);                    % m=1,第一类贝塞尔函数
I0=besseli(0,r);                    % m=0,修正第一类贝塞尔函数
I1=besseli(1,r);                    % m=1,修正第一类贝塞尔函数
Zon=real(besselj(0,r)-((kon*a*(besselj(1,kon*a)./r-
    besselj(0,kon*a))-mu*besselj(1,kon*a))./
    ((kon*a*(i*besseli(1,kon*a)./r-besseli(0,kon*a)))+
    mu*besseli(1,kon*a))).*besseli(0,r));
Zon1=Zon./max(max(Zon));
x=r.*cos(Q);
y=r.*sin(Q);
xmax=max(max(x));
ymax=max(max(y));
zmax=max(max(Zon1));
t=0:0.00001:100;
for i=1:80                          % 画图次数
    Z=Zon1*sin(Omigon*t(i));
mesh(x,y,Z);                        % 画三维曲面图
axis([-xmax xmax -ymax ymax -1.5 1.5]);
                                    % 设置横纵坐标轴的范围
pause(0.1);
getframe();
end
```

2020—2023年全国大学生物理实验竞赛(创新)一等奖作品集

实验一 基于基频波节点悬挂的音乐风铃自动演奏系统研究

【实验简介】

本实验设计并制作了一种风铃,给出了风铃管弯曲振动的波动方程,并详细地介绍了风铃振动时所发出声音基频频率和倍频频率的计算公式,同时说明了基频振动引起的驻波节点作为风铃的悬挂点的物理依据.

【实验目的】

1. 通过对风铃管材料的选择及基频波节位置的计算,加深对驻波、波动方程等相关物理知识的理解.
2. 应用所学专业知识,学会编写程序并进行调试,培养科学研究和工程设计制作能力.

【实验原理】

驻波是频率相同、传输方向相反的两种波,沿传输线形成的一种分布状态.其中的一个波一般是另一个波的反射波(附图1-1).在两者相加的点出现波腹,在两者相减的点形成波节.在波形上,波节和波腹的位置始终是不变的,给人"驻立不动"的印象,但它的瞬时值是随时间改变的.如果这两种波的幅值相等,则波节的幅值为零.

金属管(杆)弯曲振动实验是一个有趣的演示实验,所用器材仅为1根薄壁

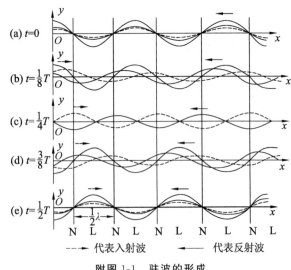

附图1-1 驻波的形成

钢管或铝杆和 1 个橡胶锤.实验者捏持住金属管(杆)中距管端 0.224L（L 为风铃管的管长）处,用橡胶锤敲击金属管(杆)的端点或中点,就能听到金属管(杆)发出清晰的声音.若捏持点不变,手持橡胶锤敲击金属管(杆)上其他点,会听到金属管(杆)发出声音的音调和音色都有变化.若改变捏持点,敲击金属管(杆)端点或中点,也会听到声音的音调和音色都有明显变化.若捏持 0.224L 处,敲击金属管(杆)的中点或端点,仔细聆听常常能听到拍音.

在弯曲形变中,金属管(杆)内有一个平面保持无伸缩,称它为中面.设想金属管(杆)由许多与中面平行的矩形平片叠加而成.处于中面以上的平片被拉伸,处于中面以下的平片被压缩.如附图 1-2 所示,设金属管(杆)的轴向在 x 方向,弯曲方向在 z 方向.设元段 $ABCD$ 形变为 $A'B'C'D'$,其端面受正应力力矩作用,若端面倾斜角为 φ,则该力矩为

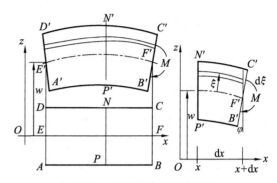

附图 1-2　金属管(杆)元段剖面图

$$M = \int dM = Y\varphi I_S / dx \quad (附 1\text{-}1)$$

式中,I_S 为截面惯量矩,Y 为杨氏模量.若是金属杆,则 $I_S = \pi R$（R 为金属杆的半径）；若是金属管,则 $I_S = \pi(R^4 - r^4)/4$（R 为金属管的外径,r 为金属管的内径）.同时注意 φ 可用挠度 w 对 x 的导数来表示,考虑到元段端面切应力力矩应与正应力力矩平衡,可得元段所受的净力（沿 z 方向）,再应用牛顿运动定律即可得金属管(杆)振动的波动方程:

$$\frac{YI_S}{\rho A_0}\frac{\partial^4 w}{\partial x^4} + 2\beta\frac{\partial w}{\partial t} + \frac{\partial^2 w}{\partial t^2} = 0 \quad (附 1\text{-}2)$$

式中,ρ 为金属管(杆)的密度,β 为阻尼常量,A_0 为金属管(杆)的横截面积.边界 $x=0$ 和 $x=L$ 端为自由端,端面上正应力力矩和切应力均为零,挠度函数 $w(x,t)$ 需满足边界条件方程:

$$\left.\frac{\partial^2 w(x,t)}{\partial x^2}\right|_{x=0} = 0, \quad \left.\frac{\partial^3 w(x,t)}{\partial x^3}\right|_{x=0} = 0$$
$$\left.\frac{\partial^2 w(x,t)}{\partial x^2}\right|_{x=L} = 0, \quad \left.\frac{\partial^3 w(x,t)}{\partial x^3}\right|_{x=L} = 0 \quad (附 1\text{-}3)$$

令 $w(x,t) = X(x)T(t)$,关于 $X(x)$ 的方程即为

$$X(x) = A\,\text{sh}(kx) + B\,\text{ch}(kx) + C\sin(kx) + D\cos(kx) \quad (附 1\text{-}4)$$

由边界条件方程(附 1-3)知,欲使其解不是零解,k 必须满足方程 $\text{ch}(kL)\cos(kL) = 1$,该方程有无穷多个分立解.若把它的第 n 个解表示为 $\beta_n\pi$,则有:$\beta_1 = 1.50562, \beta_2 = 2.49975, \beta_n \approx (n+0.5) (n>2)$.

相应地,k 用 k_n 表示,可得 $k_n = \beta_n\pi/L$.相应振动模式的固有频率为

$$\omega_n = \frac{\beta_n^2 \pi^2}{2L^2}\sqrt{\frac{Y(R^2 + r^2)}{\rho}} \quad (附 1\text{-}5)$$

并得到如下基本解:

$$X_n(x) = A_{0n}\{[\text{sh}(k_n x) + \sin(k_n x)] + B_n/A_n * [\text{ch}(k_n x) + \cos(k_n x)]\} \quad (附 1\text{-}6)$$

令基频 $X_1(x)=0$,可得基频驻波波节点:

$$x_{11}=0.224\ 157\ 52L,\ x_{12}=0.775\ 842\ 48L \quad (附 1-7)$$

由于波节几乎不振动,在该点悬挂,对于金属管(杆)的振动影响最小.因此本实验选择管长为 $0.224L$ 处为基频的波节位置,作为最佳悬挂点,风铃管一端在此固定,另一端悬空.

【实验器材】

国标钢管、电磁铁、单片机 STC89C51、MOS 管驱动模块、LD3320 语音模块.

【实验操作】

设想将普通的钢管变成一种乐器,并实现演奏的智能化.首先,确定最佳悬挂点.通过切割国标钢管,根据长度越长频率越低,发出的音调越低,且不同乐器的同一个音的振动频率大致相同的原理,让其变成有音阶的风铃管.再通过波动方程进行一系列的计算,得出 $0.224L$ 点的位置(附图 1-3)是风铃管所发出声音的基频的波节位置.由于波节点几乎不振动,将

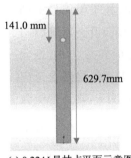

(a) $0.224L$ 悬挂点平面示意图　(b) $0.224L$ 悬挂点实物图

附图 1-3　国标钢管示意图和实物图

使得基频模式振动得最为强烈,因此这个点就是最佳悬挂点.其次,确定敲击装置.使敲击力度和位置相同,确保音量不会发生变化.最后,设计自动化控制程序.在 STC89C51 单片机中写入程序(附图 1-4),控制 MOS 管触发开关驱动模块,并加入 LD3320 语音识别模块(附图 1-5),运用串口通信,实现风铃管的智能化,整体设计框架图如附图 1-6 所示.

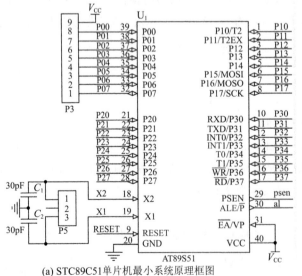

(a) STC89C51 单片机最小系统原理框图　　(b) STC89C51 单片机硬件实物图

附图 1-4　STC89C51 单片机最小系统原理框图和硬件实物图

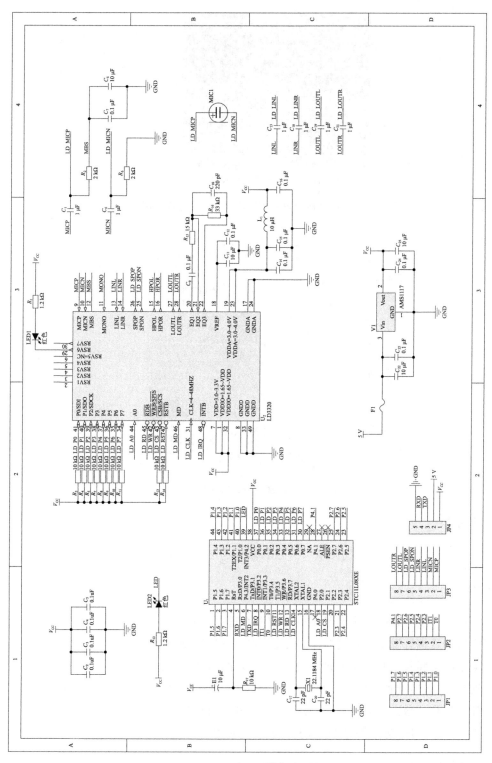

(a) LD3320语音识别模块原理图

(b) LD3320语音模块硬件实物图

附图 1-5　LD3320 语音识别模块原理图和硬件实物图

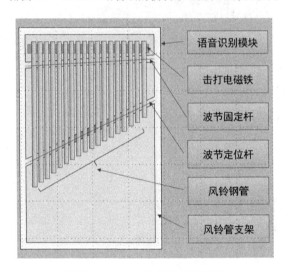

附图 1-6　实验整体设计框架图

【实物规格】

整个装置的长度为 133 cm，宽度为 107 cm，质量为 28 kg，成本约 870 元。

【实验步骤】

1. 根据钢管长度与音阶的声音频率的对应关系进行切割。
2. 用仪器测量钢管发出声音的频率，再进行切割、打磨、微调试音。
3. 将测量的实际频率和音阶的理论频率进行对比，分析误差。
4. 根据测量，找出钢管 $0.224L$ 点的位置，捏持并进行敲击测试，然后打孔、悬挂。
5. 设计音乐自动敲击控制程序，连接敲击装置和语音模块。
6. 写入单片机程序，进行测试调整，最终确定控制程序。

【实验数据与处理】

通过声音的测频软件，我们对每一根钢管音阶频率进行测频分析，并将其与理论值（附表 1-1）比较，计算出误差频率，如附表 1-2 所示。

附表 1-1 音阶频率对照表

Chime length for a resonate rod unrestricted at both ends — A4=440 Hz Steel—1.000 inch Diameter									
OD inches=	1.000				Metal=	Steel			
Values can vary slightly because of manufacturing tolerances. Length and hang point calculated for fundamental freq.									
Note	Freq/Hz	Length/inches	Hang Point	Length/mm	Hang Point	Note	Freq/Hz	Length/inches	Hang Point	Length/mm	Hang Point

Note	Freq/Hz	Length/inches	Hang Point	Length/mm	Hang Point	Note	Freq/Hz	Length/inches	Hang Point	Length/mm	Hang Point
C1	32.70	74 1/4	16 5/8	1 884.5	422.5	C5	523.30	18 47/83	4 3/16	471.2	105.6
C#/DD	34.60	72 3/16	16 3/16	1 832.1	410.8	C#/DD	554.40	18 3/79	4 1/16	457.8	102.6
D	36.70	70 1/8	15 3/4	1 779.8	399.0	D	587.30	17 31/59	3 15/16	444.8	99.7
D#/Eb	38.90	68 1/8	15 1/4	1 729.0	387.6	D#/Eb	622.30	17 1/39	3 13/16	432.1	96.9
E	41.21	66 3/16	14 13/16	1 679.8	376.6	E	659.95	16 53/98	3 11/16	419.8	94.1
F	43.70	64 1/4	14 3/8	1 630.7	365.6	F	698.50	16 4/57	3 5/8	407.9	91.4
F3/GD	46.30	62 7/16	14	1 584.7	355.3	F#/GD	740.00	15 19/31	3 1/2	396.3	88.8
G	49.00	60 11/16	13 5/8	1 540.2	345.3	G	784.00	15 16/95	3 3/8	385.0	86.3
G#/AD	51.90	58 15/16	13 3/16	1 495.8	335.4	G#/AD	830.60	14 14/19	3 5/16	374/0	83.9
A	55.01	57 1/4	12 13/16	1 453.0	325.8	A	880.00	14 13/41	3 3/16	363.4	81.5
A#/BD	58/30	55 5/8	12 1/2	1 411.8	316.5	A#/BD	932.30	13 10/11	3 1/8	353.0	79.1
B	61.70	54 1/16	12 1/8	1 372.1	307.6	B	987.80	13 19/37	3	343.0	76.9
C2	65.40	52 1/2	11 3/4	1 332.5	298.7	C6	1 046.50	13 4/31	2 15/16	333.2	74.7
C#/DD	69.30	51	11 7/16	1 294.4	290.2	C#/DD	1 108.70	12 71/94	2 7/8	323.7	72.6
D	73.41	49 9/16	11 1/8	1 257.9	282.0	D	1 174.61	12 31/79	2 3/4	314.5	70.5
D#/Eb	77.80	48 1/8	10 13/16	1 221.4	273.8	D#/Eb	1 244.50	12 2/51	2 11/16	305.6	68.5
E	82.40	46 13/16	10 1/2	1 188.1	266.4	E	1 318.50	11 62/89	2 5/8	296.9	66.6
F	87.30	45 7/16	10 3/16	1 153.2	258.5	F	1 397.00	11 4/11	2 9/16	288.4	64.7
F#/GD	92.50	44 3/16	9 15/16	1 121.5	251.4	F#/GD	1 480.00	11 1/25	2 1/2	280.2	62.8
G	98.01	42 7/8	9 5/8	1 088/2	244.0	G	1 568.00	10 45/62	2 3/8	272.2	61.0
G#/AD	103.80	41 11/16	9 3/8	1 058.0	237.2	G#/AD	1 661.20	10 37/88	2 5/16	264.5	59.3
A	110.00	40 1/2	9 1/16	1 027.9	230.5	A	1 760.00	10 12/97	2 1/4	256.9	57.6
A#/BD	116.50	39 3/8	8 13/16	999.3	224.1	A#/BD	1 864.60	9 56/67	2 3/16	249.6	56.0
B	123.50	38 3/16	8 9/16	969.2	217.3	B	1 975.50	9 5/9	2 1/8	242.5	54.4
C3	130.81	37 1/8	8 5/16	942.2	211.2	C7	2 093.00	9 19/67	2 1/16	235.6	52.8
C#/Db	138.60	36 1/16	8 1/16	915.3	205.2	C#/Db	2 217.40	9 1/52	2	228.9	51.3
D	146.80	35 1/16	7 7/8	889.9	199.5	D	2 349.20	8 45/59	1 15/16	222.4	49.9
D#/Eb	155.60	34 1/16	7 5/8	864.5	193.8	D#/Eb	2 489.01	8 39/76	1 15/16	216.1	48.4
E	164.80	33 1/16	7 7/16	839.1	188.1	E	2 637.00	8 13/48	1 7/8	209.9	47.1
F	174.61	32 1/8	7 3/16	815.3	182.8	F	2 794.00	8 2/57	1 13/16	203.9	45.7
F#/GD	185.00	31 1/4	7	793.1	177.8	F#/GD	2 960.00	7 25/31	1 3/4	198.1	44.4
G	196.00	30 5/16	6 13/16	769.3	172.5	G	3 136.00	7 52/89	1 11/16	192.5	43.2
G#/AD	207.70	29 1/2	6 5/8	748.7	167.9	G#/AD	3 322.41	7 7/19	1 5/8	187.0	41.9
A	220.00	28 5/8	6 7/16	726.5	162.9	A	3 520.00	7 13/82	1 5/8	181.7	40.7
A#/BD	233.10	27 13/16	6 1/14	705.9	158.3	A#/BD	3 729.20	6 21/22	1 9/16	176.5	39.6
B	246.90	27	6 1/16	685.3	153.6	B	3 951.00	6 28/37	1 1/2	171.5	38.4
C4	261.60	26 1/4	5 7/8	666.2	149.4	C8	4 186.00	6 35/62	1 1/2	166.6	37.4
C#/Db	277.20	25 1/2	5 11/16	647.2	145.1	C#/Db	4 434.81	6 17/45	1 7/16	161.9	36.3
D	293.70	24 13/16	5 9/16	629.7	141.2	D	4 698.40	6 10/51	1 3/8	157.3	35.3
D#/Eb	311.10	24 1/16	5 3/8	610.7	136.9	D#/Eb	4 978.00	6 1/51	1 3/8	152.8	34.3
E	329.61	23 3/8	5 1/4	593.3	133.0	E	5 274.00	5 28/33	1 5/16	148.4	33.3
F	349.30	22 3/4	5 1/8	577.4	129.5	F	5 588.00	5 15/22	1 1/4	144.2	32.3
F#/GD	370.00	22 1/16	4 15/16	559.9	125.5	F#/GD	5 920.00	5 13/25	1 1/4	140.1	31.4
G	392.00	21 7/16	4 13/16	544.1	122.0	G	6 272.00	5 4/11	1 3/16	136.1	30.5

续表

Note	Freq Hz	Length inches	Hang Point	Length mm	Hang Point	Note	Freq Hz	Length inches	Hang Point	Length mm	Hang Point
G#/AD	415.30	20 13/16	4 11/16	528.2	118.4	G#/AD	6 644.80	5 4/19	1 3/16	132.2	29.6
A	440.01	20 1/4	4 9/16	513.9	115.2	A	7 040.00	5 6/97	1 1/8	128.5	28.8
A#/BD	466.20	19 11/16	4 7/16	499.7	112.0	A#/BD	7 458.40	4 67/73	1 1/8	124.8	28.0
B	493.91	19 1/8	4 5/16	485.4	108.8	B	7 902.01	4 7/9	1 1/16	121.3	27.2
	www.home.fuse.net/enqineering/Chimes.htm					C9	8 367.01	4 9/14	1 1/16	117.8	26.4

Caution, these values allow you to get close to the desired note(typically within 1%) but if you desire an exact note, cut slightly long and grind to the final frequency, typically not required for wind chimes. Do not use these calculations for an orchestra or a musical setting unless you are certain they use A4=440 Hz. An orchestra or symphony may brighten slightly and will typically tune for A4=442, 43 or 44. Symphony grade instruments are normally shipped with A4=442 Hz.

附表 1-2　各音阶实际频率与理论频率的比较

音阶	实际频率/Hz	理论频率/Hz	误差频率/Hz
C4	257.09	261.60	4.51
D4	293.00	293.70	0.70
E4	326.21	329.61	3.40
F4	366.80	349.30	17.50
G4	393.40	392.00	1.40
A4	435.60	440.01	4.41
B4	483.46	493.91	10.45
C5	512.38	523.30	10.92
D5	581.13	587.30	6.17
E5	643.71	659.30	15.59
F5	730.56	740.00	9.44
G5	782.32	784.00	1.68
A5	861.12	880.00	18.88
B5	985.47	987.80	2.33
C6	1 037.24	1 046.50	9.26
D6	1 154.10	1 174.61	20.51

【误差原因分析】

1. 切割、打磨时会出现人为误差.

2. 在敲击和测量频率时,力度和位置无法保证完全一致.

3. 在 $0.224L$ 处打孔会出现一定误差.

4. 敲击后,拍音现象干扰频率测量.

【注意事项】

1. 确保风铃管在 $0.224L$ 处进行悬挂,避免影响风铃管振动发声.
2. 选用同样的电磁铁,确保敲击后发出的频率一致.
3. 全部选择在风铃管端点进行敲击.
4. 在风铃管下端 $0.224L$ 处用套着橡皮帽的螺丝顶住风铃管,避免敲击时风铃管剧烈晃动,影响发声.

【实验成果】

在完成软、硬件的相关设计工作后,积极动手实践,制作出了完整的音乐风铃自动演示系统,如附图 1-7 所示.

附图 1-7　音乐风铃自动演奏系统成品图

目前实验项目可实现的功能及未来预期实现的功能有:手动弹奏键盘演绎音乐;利用单片机程序实现自动播放音乐;利用语音控制风铃管的音乐播放;预期实现语音识别,让风铃管直接敲出识别音阶.

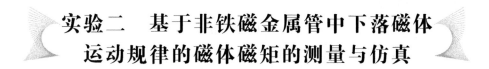

实验二　基于非铁磁金属管中下落磁体运动规律的磁体磁矩的测量与仿真

【实验简介】

本实验设计与制作了一种基于电磁感应定律测量磁体磁矩的实验装置,对于在铜管中下落的待测磁体,通过建模,分别从理论计算和实验测量方面,描述了磁体的下落速度与时间的关系,绘制了 v-t 图像,并对整个运动过程进行了 MATLAB 仿真.

【实验目的】

1. 通过本实验进一步加深对于电磁感应定律的理解和掌握.
2. 进一步理解和掌握磁体磁矩的概念及永磁体矫顽力的概念.
3. 通过对于磁力及重力的分析,强化应用经典动力学方程解决实际问题的能力.
4. 学习霍尔元件在传感器中的应用.
5. 掌握由动力学方程求解运动学方程的能力,并学习用 MATLAB 软件仿真磁体运动规律.

【实验原理】

该实验基于电磁感应定律,利用霍尔传感器将磁信号转化成电压信号,通过 STM32 系统的 ADC 采样及数据处理,并借助发光二极管的特性判断磁体是否通过指定位置,实现下落磁体终结速度的测量,最后通过理论公式推导求得未知磁体的磁矩.

附图 2-1 是磁体在铜管中下落情况的简化模型.当磁体在铜管中下落时,由于电磁感应,磁体上边和下边附近的铜管中均会产生环形感应电流,该环形感应电流会阻碍磁体下落.把磁体等效为磁偶极子,管中感应电流视为载流圆环.利用磁偶极子在环形电流处产生的磁场,可求得环流的受力,从而求出磁体的受力.设磁偶极子的磁矩为 m_B,则其在柱面坐标系下的磁感应强度表达式为

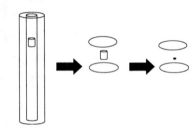

附图 2-1 磁体在铜管中下落情况的简化

$$B_r = \frac{\mu_0 m_B}{4\pi} \frac{3rz}{(r^2+z^2)^{\frac{5}{2}}} \quad \text{(附 2-1)}$$

式中,r 为矢径,z 为磁体在 z 轴上的高度.

根据法拉第电磁感应定律,将铜管看作一根壁很薄的管子,可得感应电动势为

$$\mathcal{E} = \frac{3\mu_0 m_B}{2} \frac{r^2 z}{(r^2+z^2)^{\frac{5}{2}}} v \quad \text{(附 2-2)}$$

式中,v 为磁体下落的速度.

磁体所受的阻滞力为

$$\boldsymbol{F} = \int I(\mathrm{d}\boldsymbol{l} \times \boldsymbol{B}) \quad \text{(附 2-3)}$$

根据安培力和牛顿第三定律,并利用圆柱的对称性,磁体所受的阻滞力可变为

$$F = \int_0^{2\pi} IB_r r \mathrm{d}\varphi = 2\pi r I B_r \quad \text{(附 2-4)}$$

参照附图 2-2,根据欧姆定律可推得管中环形感应电流为

$$\mathrm{d}I = \frac{V}{\dfrac{l}{\sigma \mathrm{d}A}} = \frac{V\sigma \mathrm{d}A}{l} = \frac{\mathcal{E}\sigma \mathrm{d}A}{2\pi r} \quad \text{(附 2-5)}$$

式中,σ 为电导率;$\mathrm{d}A$ 为管中薄环的截面积,且 $\mathrm{d}A = \mathrm{d}r\mathrm{d}z$;周长 $l = 2\pi r$;V 为电压.于是,可以得到每个线圈环受到的力为

$$dF = 2\pi r B_r dI = B_r \mathscr{E}\sigma dA \quad (\text{附 2-6})$$

故

$$dF = \frac{9\mu_0^2 m_B^2}{8\pi} v\sigma \frac{r^3 z^2}{(r^2+z^2)^5} dz dr \quad (\text{附 2-7})$$

为求合力,将其对半径为 r 的管子进行积分,从内径 a 积分到外径 b;并假设铜管无限长,就可以对 z 从 $+\infty$ 到 $+\infty$ 积分.有

$$F = \frac{9\mu_0^2 m_B^2}{8\pi} v\sigma \int_a^b \int_{-\infty}^{\infty} \frac{r^3 z^2}{(r^2+z^2)^5} dz dr \quad (\text{附 2-8})$$

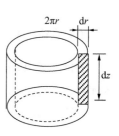

附图 2-2 铜管的长度与横截面积

使用三角代换进行简化,令 $z = r\tan\theta$,最终得出作用在磁体上力的大小为

$$F = \frac{9\mu_0^2 m_B^2}{8\pi} v\sigma \frac{5\pi}{128} \int_a^b \frac{dr}{r^4} = \frac{15}{1\,024}\mu_0^2 m_B^2 \sigma \left(\frac{1}{a^3} - \frac{1}{b^3}\right) v$$

$$(\text{附 2-9})$$

式中,真空磁导率 $\mu_0 = 4\pi \times 10^{-7} \text{ N/A}^2$;铜管的电导率 $\sigma = 5.96 \times 10^7 \text{ S/m}$;铜管的内、外半径分别为 $a = 9.52 \text{ mm}, b = 15.08 \text{ mm}$.

如附图 2-3 所示,磁体在金属管中下落时,受到的安培力向上,重力向下,忽略空气阻力并假设其与管内壁不摩擦,由质点运动的动力学方程,得

$$F_{\text{合}} = mg - F = ma \quad (\text{附 2-10})$$

令

$$k = \frac{15}{1\,024}\mu_0^2 m_B^2 \sigma \left(\frac{1}{a^3} - \frac{1}{b^3}\right) \quad (\text{附 2-11})$$

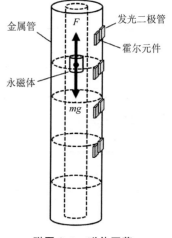

附图 2-3 磁体下落过程中的受力分析

式(附 2-10)可表示为

$$\frac{m}{k}\frac{dv}{dt} = \frac{mg}{k} - v \quad (\text{附 2-12})$$

将式(附 2-12)分离变量并积分,得

$$v = \frac{mg}{k}(1 - e^{-\frac{kt}{m}}) \quad (\text{附 2-13})$$

从式(附 2-13)可知,当时间 t 趋于无穷大时,速度趋于一个常量 v_t,即

$$v_t = \frac{mg}{k} \quad (\text{附 2-14})$$

显然,随着磁体下降速度加快,安培力增大,当其大到和重力平衡时,磁体做匀速运动.此时磁体达到终结速度,并以该速度一直做匀速运动下去.

实验中通过系统测量出终结速度 v_t 和磁体质量 m,代入式(附 2-15),即可计算磁体磁矩 m_B,即

$$m_B = \sqrt{\frac{1\,024 k}{15\sigma\mu_0^2\left(\frac{1}{a^3}-\frac{1}{b^3}\right)}} = \sqrt{\frac{1\,024 mg}{15 v_t \sigma\mu_0^2\left(\frac{1}{a^3}-\frac{1}{b^3}\right)}} \quad (\text{附 2-15})$$

【实验器材】

铜管、支架(不锈钢)、霍尔元件、发光二极管、HMI 显示屏、待测磁体(本实验采用 N35 磁铁)、非磁性镊子、天平、单片机、USB 转串口、杜邦线、MATLAB 仿真软件等.

主要实验器材的质量、尺寸、成本见附表 2-1 至附表 2-3.

附表 2-1 主要实验器材的质量

器材名称	质量/kg
铜管	5.50
支架(不锈钢)	0.75
总质量	6.25

附表 2-2 主要实验器材的尺寸

器材名称	尺寸/mm
铜管	高为 1 500.00,内径为 19.04,外径为 30.16
支架(不锈钢)	共三个支脚,每个支脚高 698.2,直径为 20.00
总高度	1 520.40

附表 2-3 主要实验器材的成本

器材名称	成本价格/元
USB 转串口	10.2
铜管	120.0
支架(不锈钢)	80.0
磁铁	18.6
HMI 显示屏	100.0
杜邦线	10.9
发光二极管	22.5
霍尔元件	8.8
三脚架	55.0
电路板	44.0
STM32 主控板	100.0
总成本	570.0

【实验步骤】

1. 将实验装置整体连接好.

2. 用天平测量待测磁体的质量 m,注意设法消除天平上铁磁物质对于测量的影响.

3. 给设备供电+5 V,在铜管上端口释放磁体,采样收集数据,并计算终结速度 v_t.

4. 根据测量的终结速度 v_t 计算磁体的磁矩，$m_B = \sqrt{\dfrac{1\,024mg}{15v_t\sigma\mu_0^2\left(\dfrac{1}{a^3}-\dfrac{1}{b^3}\right)}}$.

【实验数据与处理】

实验数据如附表 2-4 所示.

附表 2-4　磁体通过等间距霍尔元件所用时间

时间次序	距离 d/cm	时间间隔 t/ms	时间次序	距离 d/cm	时间间隔 t/ms	时间次序	距离 d/cm	时间间隔 t/ms
0	5.00	245	9	5.00	205	18	5.00	191
1	5.00	230	10	5.00	200	19	5.00	191
2	5.00	225	11	5.00	193	20	5.00	191
3	5.00	220	12	5.00	193	21	5.00	191
4	5.00	216	13	5.00	190	22	5.00	191
5	5.00	213	14	5.00	191	23	5.00	191
6	5.00	213	15	5.00	192	24	5.00	191
7	5.00	209	16	5.00	188	25	5.00	191
8	5.00	206	17	5.00	191	26	5.00	191

方法一：公式法.

（1）用天平测得待测磁体的质量 $m = 10.5$ g.

（2）根据附表 2-4 计算终结速度 $v_t = \dfrac{d}{t} = \dfrac{5.00 \times 10^{-2}}{0.191} = 0.262$ (m/s).

（3）将 $\mu_0 = 4\pi \times 10^{-7}$ N/A^2，$\sigma = 5.96 \times 10^7$ S/m，$a = 9.52$ mm，$b = 15.08$ mm，$g = 9.80$ m/s^2，$v_t = 0.262$ m/s 代入式（附 2-15），可得待测磁体的磁矩为 $m_B = 0.643$ A·m^2.

方法二：仿真软件法.

将实验最终显示的时间间隔结果输入仿真页面，则会显示出该磁体下落过程的 v-t 图像，如附图 2-4 所示. 从曲线中可以读得终结速度和由此算出的磁体磁矩，$m_B \approx 0.651$ A·m^2.

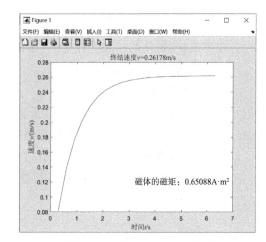

附图 2-4　MATLAB 仿真图像

【误差原因分析】

本实验测量的磁体磁矩 m_B 为 0.651 A·m^2. 根据磁体商家提供的数据，同时查阅相关资料，N35 磁铁的矫顽力（即单位体积的磁矩）H_c 范围为 876～899 kA/m. 通过测量磁体的厚度（$h = 12.00$ mm）和直径（$D = 10.00$ mm），可算得磁体的体积为

$$V = \pi \times \left(\frac{D}{2}\right)^2 h = \pi \times \left(\frac{10.00}{2}\right)^2 \times 12.00 \times 10^{-9} = 9.42 \times 10^{-7} (\text{m}^3) \qquad (\text{附 2-16})$$

于是参考磁矩为

$$m_{B\min} = H_{c\min} V = 876 \times 10^3 \times 9.42 \times 10^{-7} = 0.825 (\text{A} \cdot \text{m}^2)$$

$$m_{B\max} = H_{c\max} V = 899 \times 10^3 \times 9.42 \times 10^{-7} = 0.847 (\text{A} \cdot \text{m}^2) \qquad (\text{附 2-17})$$

与我们测得的磁矩的百分误差为

$$\delta_{\min} = \frac{|m_{B测} - m_{B\min}|}{m_{B\min}} \times 100\% = \frac{|0.651 - 0.825|}{0.825} \times 100\% \approx 21.1\%$$

$$\delta_{\max} = \frac{|m_{B测} - m_{B\max}|}{m_{B\max}} \times 100\% = \frac{|0.651 - 0.847|}{0.847} \times 100\% \approx 23.1\% \qquad (\text{附 2-18})$$

上述数据表明,本实验所测得的磁体磁矩与通过商家提供的矫顽力计算得到的磁矩,其相对误差范围为 21.1%～23.1%,误差比较大.经过分析我们认为误差来源主要为:

(1) 所有相关数据的测量,如铜管内、外直径的测量,磁体质量的测量,磁体体积、直径和厚度的测量,传感器沿管轴的排列定位及测量,STM32 系统时间测量,等等.

(2) 上述磁体受力分析中未考虑空气阻力及其与内壁的偶尔碰撞等因素.

(3) 在建模中使用磁偶极子产生的磁场表达式中忽略了高阶小量.

(4) 磁体在管口释放时,不能保证与管同轴,而建模中假设磁体与管是同轴的.

(5) 磁体在下落过程中,由于空气流动等随机因素,磁体会晃动.

(6) 所用磁体经过反复实验,不断撞击地面后,磁性有所减弱.

【注意事项】

1. 在铜管中从静止开始释放待测磁体.
2. 释放时,投掷磁体位置最好置于铜管中心轴处,避免磁体在下落过程中触碰筒壁.
3. 由于本实验的测量器件是电子元器件,应避免电磁干扰影响元器件的性能.
4. 避免手直接接触待测磁体,造成误差,应使用非磁性的镊子进行夹持投放.

【实验意义及创新点】

在完成软、硬件的相关设计之后,项目小组动手实践,制作了系统样机.

该装置的作用与意义如下:

(1) 实现了磁体磁矩的测量.
(2) 设计了一种磁体在非铁磁性金属管中下落时运动规律的测量方法.
(3) 建立运动模型,且利用单片机进行实时数据采样.
(4) 对经典物理实验有效再现,并进行了科学定量的分析.

本实验的创新点:将复杂的磁矩测量转变为一种由传感器来间接测量的简单直观方法.

实验三　基于STM32系统与电磁感应定律的非铁磁金属电导率的测量及应用

【实验简介】

本实验基于电磁感应定律,将非铁磁金属圆盘放置在旋转的磁场中,固定圆盘及磁铁的相对位置,在磁铁产生的旋转磁场作用下,圆盘会随着磁铁一起转动.本实验通过建立运动模型,推导了磁铁旋转与圆盘转动之间的关系.通过调控电机的转速,改变旋转磁场的旋转速度,再利用编码器,通过STM32单片机测量了不同的非铁磁金属圆盘的旋转角速度、电路的时间常数,并在串口屏上显示.再利用线性霍尔传感器测量了圆盘对应区内的磁感应强度B,将测得的数据代入Excel表格中,通过计算可得当前转速下轴承的摩擦力矩,并且可由磁感应强度B及不同非铁磁金属圆盘的时间常数τ来求得它们的电导率σ.

【实验目的】

1. 观察不同材料的圆盘在旋转磁场中的表现.
2. 学习应用电磁感应定律研讨非铁磁金属盘在旋转磁场中的转动原理.
3. 学习应用电子技术(STM32)调控、测量、显示磁铁和金属盘转动的角速度.
4. 学习应用力学、电磁学知识解决机电系统的动力学问题.
5. 学习对物理实验进行拓展并应用.

【实验原理】

如附图3-1所示,将两块磁铁的S极与N极分别对称地吸附在钢条两端,铝盘和磁铁面对面放置,直流电机带动磁铁旋转,基于电磁感应定律,铝盘在旋转磁场中随着磁铁一起转动.铝盘在旋转磁场中切割磁力线产生感应电流,磁铁转动时,铝盘上正对磁铁部分后面穿过的磁通量减少,前面部分穿过的磁通量增多,根据楞次定律,可判断磁场区铝盘中的感应电流的方向及所受的安培力,此安培力的方向沿着磁铁的转动方向,因此铝盘会随着磁铁的转动而转动(附图3-2).

设磁铁的长和宽分别为a和b,铝盘的厚度为d,由于非铁磁金属铝盘电导率σ已知,我们可以根据公式

$$R=\frac{a}{\sigma b d} \quad \text{(附3-1)}$$

得出铝盘正对磁铁部分面积电阻R的值.设磁铁的角速度为ω_0,铝盘的角速度为ω,磁极相对应的方形金属块相对磁铁的线速度$v=(\omega_0-\omega)r$,即可得出铝盘上感应电流i为

$$i = \frac{Bav}{R} = B\sigma bd(\omega_0 - \omega)r \qquad (\text{附 3-2})$$

式中,r 为铝盘的半径.

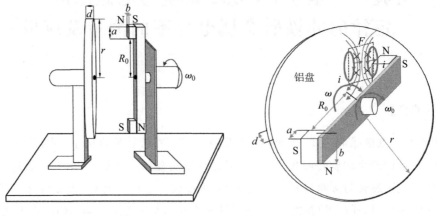

附图 3-1　装置示意图　　　　　附图 3-2　原理图

由感应电流即可求出铝盘所受力矩 M 的表达式:

$$dM = 2r\,dF = 2B^2\sigma bd(\omega_0 - \omega)r^2\,dr$$

$$M = \int_{R_0}^{R_0+a} dM = \int_{R_0}^{R_0+a} 2r\,dF = \frac{2}{3}B^2\sigma bd(\omega_0 - \omega)[(R_0+a)^3 - R_0^3] \qquad (\text{附 3-3})$$

其中,$\frac{2}{3}B^2\sigma bd[(R_0+a)^3 - R_0^3]$ 为常数,用 k 来表示.由于系统存在摩擦,所以铝盘转动时会产生一个摩擦力矩,将摩擦力矩表示为 M_f,则有

$$M - M_f = I\frac{d\omega}{dt} \qquad (\text{附 3-4})$$

由铝盘的质量 m、铝盘的半径 r,可得铝盘的转动惯量 I 为

$$I = \frac{1}{2}mr^2 \qquad (\text{附 3-5})$$

将 $k = \frac{2}{3}B^2\sigma bd[(R_0+a)^3 - R_0^3]$ 代入式(附 3-3)和式(附 3-4),得

$$k(\omega_0 - \omega) - M_f = I\frac{d\omega}{dt} \qquad (\text{附 3-6})$$

$$\int \frac{d\omega}{k(\omega_0 - \omega) - M_f} = \int_0^t \frac{1}{I}dt = \frac{t}{I}$$

$$\ln[k(\omega_0 - \omega) - M_f]\Big|_0^\omega = -\frac{kt}{I} \qquad (\text{附 3-7})$$

对式(附 3-7)两边同时取 e 的指数,可得

$$\frac{k(\omega_0 - \omega) - M_f}{k\omega_0 - M_f} = e^{-\frac{kt}{I}} \qquad (\text{附 3-8})$$

整理,可得

$$\omega = \left(\omega_0 - \frac{M_f}{k}\right)\left(1 - e^{-\frac{kt}{I}}\right) \qquad (\text{附 3-9})$$

将 $k=\frac{2}{3}B^2\sigma bd[(R_0+a)^3-R_0^3]$ 代入式(附 3-9),可以得到磁铁角速度 ω_0 和铝盘角速度 ω 之间的关系,即

$$\omega=\left(\omega_0-\frac{3M_f}{2B^2\sigma bd[(R_0+a)^3-R_0^3]}\right)(1-e^{-\frac{2}{3I}B^2\sigma bd[(R_0+a)^3-R_0^3]t}) \qquad (附 3-10)$$

则时间常数 τ 为

$$\tau=\frac{3mr^2}{4B^2\sigma bd[(R_0+a)^3-R_0^3]} \qquad (附 3-11)$$

当 $T_稳=5\tau$ 时,系统达到稳定状态.

$$T_稳=5\tau=\frac{15mr^2}{4B^2\sigma bd[(R_0+a)^3-R_0^3]} \qquad (附 3-12)$$

在操作上,首先将铝盘固定,让磁铁转动,当其转速稳定时,释放铝盘,并开始计时.铝盘从初速度为 0 开始做加速转动,密切观察铝盘的转动和显示屏中的数据,当铝盘转速达到稳定值时,记下第一时间,此时间即为 5 倍的时间常数.

实验中,再应用线性霍尔传感器系统测量铝盘所在处的磁感应强度 B 及其他相关量,利用式(附 3-13)即可计算铝盘的电导率 σ 为

$$\sigma=\frac{3mr^2}{4B^2\tau bd[(R_0+a)^3-R_0^3]} \qquad (附 3-13)$$

此外,还可以利用式(附 3-3)测量轴承的摩擦力矩 M_f.

【实验器材】

黄铜盘 H62、铝盘 5052、金属底座、滑轨、HMI 显示屏、GB37-520 型直流电机及霍尔编码器、联轴器、钢板、金属支架、亚克力支架、STM32 单片机、电子秤、螺旋测微器、游标卡尺、三角尺、A4950 电机驱动模块、红外遥控模块、N35 磁铁、AS5600 磁编码器、ADS1256 模块、线性霍尔传感器模块、杜邦线等.实验装置整体图如附图 3-3 所示.

实验器材的质量见附表 3-1,主要实验器材的尺寸及成本见附表 3-2 和附表 3-3.

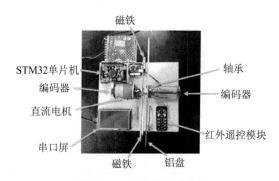

附图 3-3 实验装置整体图

附表 3-1 实验器材的质量

器材名称	重量/kg
作品总质量	3.898

附表 3-2 主要实验器材的尺寸

器材名称	尺寸/mm
黄铜盘 H62	外径为 240.0,内径为 8.0,厚度为 2.0

续表

器材名称	尺寸/mm
铝盘 5052	外径为 240.0,内径为 8.0,厚度为 2.0
N35 磁铁	长为 40.0,宽为 20.0
总高度	319.8

附表 3-3 主要实验器材的成本

器材名称	成本价格/元
黄铜盘 H62	20.0
铝盘 5052	50.0
N35 磁铁	20.0
GB37-520 型直流电机及霍尔编码器	40.0
HMI 显示屏	110.0
杜邦线	7.2
AS5600 磁编码器	10.0
A4950 电机驱动模块	27.0
红外遥控模块	2.0
金属底座及滑轨	200.0
钢板	100.0
金属支架	55.0
STM32 单片机	120.0
ADS1256 模块	100.0
线性霍尔传感器模块	20.0
亚克力支架	50.0
联轴器	5.0
总成本	936.2

【实验步骤】

1. 使用螺旋测微器和三角尺测量铝盘的厚度 d 及半径 R,用游标卡尺测量转轴中心到磁铁边缘的距离 R_0 及磁铁的长 a 和宽 b,再用电子天平测量铝盘的质量 m,并将数据输入 Excel 表.

2. 给设备供电 12 V,打开电机驱动模块开关,用手扶住铝盘,使用红外遥控模块输入电机速度,当电机达到预定转速时,将手松开.当系统稳定时,将屏幕显示的数据输入 Excel 表.

3. 再使用线性霍尔传感器模块测量当前间距下铝盘感应区内的磁感应强度 B,并将数据输入 Excel 表.

4. 用相同尺寸的黄铜盘替换铝盘,重复上述实验过程.

【实验数据与处理】

实验数据如附表 3-4 至附表 3-7 所示.

附表 3-4 铝盘数据

序号	厚度 d/mm	半径 r/mm	质量 m/kg	磁铁长 a/mm	磁铁宽 b/m	中心到磁铁边缘距离 R_0/mm	磁感应强度 B/T	时间常数 τ/s	ω_0/(rad/s)	ω/(rad/s)
1	2.001	120.0	0.239	39.75	19.50	64.01	0.059 7	1.17	15.00	11.30
2	2.002	120.0	0.241	40.06	19.38	63.89	0.060 1	0.90	15.00	11.20
3	2.000	120.0	0.238	39.87	19.05	64.05	0.058 7	1.11	15.00	11.40
4	1.999	120.0	0.239	39.67	19.24	63.96	0.060 3	1.14	15.00	11.20
5	2.000	120.0	0.240	39.96	19.13	64.02	0.059 8	1.02	15.00	11.00
平均值	2.000	120.0	0.239	39.86	19.26	63.99	0.059 7	1.07	15.00	11.22

附表 3-5 黄铜盘数据

序号	厚度 d/mm	半径 r/mm	质量 m/kg	磁铁长 a/mm	磁铁宽 b/m	中心到磁铁边缘距离 R_0/mm	磁感应强度 B/T	时间常数 τ/s	ω_0/(rad/s)	ω/(rad/s)
1	2.002	120.0	0.749	39.85	19.52	63.95	0.057 9	4.83	15.00	10.50
2	1.998	120.0	0.743	40.02	19.33	64.02	0.060 0	4.44	15.00	10.30
3	2.000	120.0	0.752	39.87	19.25	64.05	0.058 4	4.77	15.00	10.40
4	1.999	120.0	0.746	39.78	19.24	63.97	0.059 2	5.16	15.00	10.40
5	2.000	120.0	0.749	39.96	19.17	64.02	0.060 9	4.86	15.00	10.30
平均值	2.000	120.0	0.748	39.90	19.30	64.00	0.059 3	4.81	15.00	10.38

附表 3-6 磁铁及铝盘的转速

铝盘	ω_0/(rad/s)	ω/(rad/s)	$\Delta\omega$/(rad/s)
1	8.00	6.30	1.70
2	10.00	8.10	1.90
3	12.00	9.90	2.10
4	14.00	11.00	3.00
5	16.00	12.50	3.50

附表 3-7 磁铁及黄铜盘的转速

黄铜盘	ω_0/(rad/s)	ω/(rad/s)	$\Delta\omega$/(rad/s)
1	8.00	5.50	2.50
2	10.00	7.00	3.00

续表

黄铜盘	$\omega_0/(\text{rad/s})$	$\omega/(\text{rad/s})$	$\Delta\omega/(\text{rad/s})$
3	12.00	8.50	3.50
4	14.00	9.80	4.20
5	16.00	11.30	4.70

1. 根据附表 3-4 及 $\sigma = \dfrac{3mr^2}{4B^2\tau bd[(R_0+a)^3 - R_0^3]}$，可以得到铝盘的电导率 σ_1，再将附表 3-6 中的数据代入 $M_f = \dfrac{2B^2\sigma bd(\omega_0-\omega)[(R_0+a)^3 - R_0^3]}{3}$，得出了某一时刻下的轴承摩擦力矩 M_{f_1}.

2. 根据附表 3-5 及 $\sigma = \dfrac{3mr^2}{4B^2\tau bd[(R_0+a)^3 - R_0^3]}$，可以得到黄铜盘的电导率 σ_2，再将附表 3-7 中的数据代入 $M_f = \dfrac{2B^2\sigma bd(\omega_0-\omega)[(R_0+a)^3 - R_0^3]}{3}$，得出了某一时刻下的轴承摩擦力矩 M_{f_2}.

附表 3-8 至附表 3-11 是我们通过公式及数据算得的结果.

附表 3-8　铝盘的电导率

序号	磁感应强度 B/T	时间常数 τ/s	电导率 $\sigma/(\times 10^7\,\text{S/m})$
1	0.059 7	1.17	1.87
2	0.060 1	0.90	2.44
3	0.058 7	1.11	1.98
4	0.060 3	1.14	1.92
5	0.059 8	1.02	1.89
平均值	0.059 7	1.07	2.02

附表 3-9　使用铝盘时的轴承摩擦力矩

序号	$\omega_0/(\text{rad/s})$	$\omega/(\text{rad/s})$	$\Delta\omega/(\text{rad/s})$	$M_f/(\text{N}\cdot\text{m})$
1	8.00	6.30	1.70	0.003 0
2	10.00	8.10	1.90	0.003 4
3	12.00	9.90	2.10	0.003 9
4	14.00	11.00	3.00	0.004 9
5	16.00	12.50	3.50	0.005 9

附表 3-10　黄铜盘的电导率

序号	磁感应强度 B/T	时间常数 τ/s	电导率 $\sigma/(\times 10^7\,\text{S/m})$
1	0.057 9	4.83	1.43

续表

序号	磁感应强度 B/T	时间常数 τ/s	电导率 $\sigma/(\times 10^7$ S/m$)$
2	0.060 0	4.44	1.56
3	0.058 4	4.77	1.45
4	0.059 2	5.16	1.34
5	0.060 9	4.86	1.42
平均值	0.059 3	4.81	1.44

附表 3-11 使用黄铜盘时的轴承摩擦力矩

序号	ω_0/(rad/s)	ω/(rad/s)	$\Delta\omega$/(rad/s)	M_f/(N·m)
1	8.00	5.50	2.50	0.003 0
2	10.00	7.00	3.00	0.003 3
3	12.00	8.50	3.50	0.003 6
4	14.00	9.80	4.20	0.004 6
5	16.00	11.30	4.70	0.005 4

通过对数据进行分析、计算和处理,得到以下结论:当磁铁的转速越大,磁铁与铝盘的转速差 $\Delta\omega$ 越大,轴承摩擦力矩越大.通过查阅资料,我们发现轴承摩擦力矩与轴承负荷有关.其中,轴承负荷与物体转速相关,从而导致轴承摩擦力矩随着圆盘角速度的增加而增加(附图 3-4).

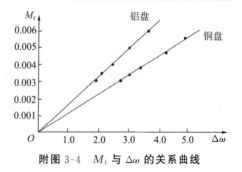

附图 3-4 M_f 与 $\Delta\omega$ 的关系曲线

【误差原因分析】

根据商家提供的数据并查阅相关资料,可得铝盘 5052 的参考电导率 σ 为 2.07×10^7 S/m,黄铜盘 H62 的参考电导率 σ 为 1.41×10^7 S/m,则本实验测得的电导率的百分误差为

$$\varepsilon_{Al}=\frac{|\sigma_{Al测}-\sigma_{Al参}|}{\sigma_{Al参}}\times100\%=\frac{|2.02-2.07|}{2.07}\times100\%\approx2.4\%$$

$$\varepsilon_{Cu}=\frac{|\sigma_{Cu测}-\sigma_{Cu参}|}{\sigma_{Cu参}}\times100\%=\frac{|1.44-1.41|}{1.41}\times100\%\approx2.1\%$$

本实验误差来源于建模、系统结构及相关量的测量等,具体情况如下:

(1) 由于结构、材料所限,旋转时难以确保磁铁与金属盘的间距相等且恒定,故磁场有差异.

(2) 建模中忽略了除磁场对应区外的电阻.

(3) 两块磁铁的磁性不一定完全一样,故磁场有差异.

(4) 磁铁尺寸较大,建模中会引起误差.

(5) 用线性霍尔传感器模块测量磁感应强度磁场的定位误差.

(6) 其他几何参数的测量误差.

【注意事项】

1. 启动电机之前需要先用手扶住铝盘,待电机达到预定转速时再将铝盘松开.
2. 磁铁和铝盘或黄铜盘之间的间距需要固定,不可更改.

【实验意义及创新点】

1. 设计和制作了如附图 3-5 所示的系统样机.
2. 给出了一种新的非铁磁金属材料电导率及轴承摩擦力矩的测量方法.
3. 建立运动模型,并利用单片机进行实时数据采样.
4. 对经典物理实验有效再现,提高了实验设计水平.
5. 实现了定性实验的定量化,并与智能电子系统相结合,践行了新工科人才的培养模式,即学科交叉融合.

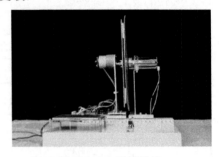

附图 3-5　系统样机

实验四　基于劈尖干涉与 MATLAB 的金属线胀系数测量仪的研制与实验验证

【实验简介】

绝大多数物质都具有热胀冷缩的性质,这是由物体内部热运动加剧或减弱造成的.在工程结构设计、机械和仪表制造、金属加工中都应该考虑热胀冷缩性质.金属线胀系数是衡量金属热胀冷缩特性的参数.线胀系数的测量是大学物理实验中最基本的热学实验,通常采用光杠杆法,但该方法测量准确度较低且装备庞大.在要求更高的工业生产和实验研究中,宜采用小型化、精度更高的装置,进行线胀系数的测量.

本实验利用劈尖干涉条纹宽度和金属伸长量之间的关系来实现对金属线胀系数的测量.本实验采用电加热法,使用可调节高度的机械结构、数码显微镜,实时拍摄照片,记录不同温度下的条纹图像,通过 MATLAB 软件自动求取图片条纹宽度,求出劈尖角、金属伸长量及线胀系数等相关物理量,实现测量装置的小型化和自动化.

【实验目的】

1. 进一步熟悉、理解金属线胀系数的物理意义.
2. 了解由金属伸缩导致劈尖干涉条纹的变化.
3. 学会使用 MATLAB、HIVIEW 软件进行辅助分析.

4. 培养学生的动手操作能力、装置设计能力及科学探索能力.

【实验原理】

在一定的温度范围内，金属线胀系数是一个常量，其表达式为

$$\alpha = \frac{\Delta d}{d\Delta t} = \frac{d'-d}{d(t'-t)} \tag{附 4-1}$$

式中，d 为金属原长，d' 为变化后的金属长度，实验中温度范围为 30~65 ℃，在此温度范围内，金属线胀系数为恒定值.

将两块光学玻璃板叠在一起，上玻璃板的一边固定在平台上，另一边架在长度为 d 的金属棒上，则在两玻璃板间就形成了一个劈尖，如附图 4-1 所示.

由附图 4-1 可知，当单色光射到两玻璃板形成的空气劈尖时，在空气劈尖（折射率 $n \approx 1$）的上、下两表面形成的反射光线为相干光，从而形成等厚干涉条纹. 若最右边干涉条纹为第 k 级，对应的劈尖厚度为 d_k，其光程差为

$$\delta = 2d_k + \frac{\lambda}{2}$$

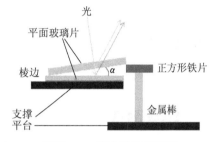

附图 4-1 劈尖干涉原理图

式中，λ 为入射光的波长.

若最右边的第 k 级干涉条纹为暗条纹，则满足

$$\delta = 2d_k + \frac{\lambda}{2} = (k-1)\frac{\lambda}{2}, \ k=1,2,3,\cdots \tag{附 4-2}$$

当 $k=1$ 时，对应劈尖左边缘第 1 条（级）暗条纹. 于是第 k 条暗条纹，即最右边对应的劈尖厚度为

$$d_k = \frac{1}{2}(k-1)\lambda \tag{附 4-3}$$

当温度升高，金属管伸长时，劈尖角增加，条纹数目增多，同时条纹变窄，与此同时，最左边的条纹（设为暗纹）级数增加，若此时条纹级数为 $k+n$，其对应的劈尖厚度 d_{k+n} 满足下式：

$$d_{k+n} = \frac{1}{2}(k+n-1)\lambda \tag{附 4-4}$$

显然，$\Delta d = d_{k+n} - d_k$ 为左边缘劈尖的厚度变化，也是金属管的伸长量，有

$$\Delta d = d_{k+n} - d_k = \frac{1}{2}n\lambda \tag{附 4-5}$$

式（附 4-5）中的 n 既是右边缘处暗纹级数的增量，也是当温度变化 Δt 时暗纹增加的总量.

如附图 4-2 所示，实验中，我们可以测量相邻条纹的间距或条纹宽度 l，若 l_k、l_{k+n} 分别表示总条纹数为 k 和 $k+n$ 时的条纹宽度，L 表示劈尖的有效长度，则温度升高前、后，干涉条纹的数目分别为

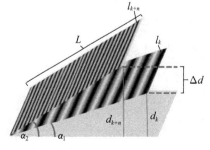

附图 4-2 空气劈尖干涉

$$k = \frac{L}{l_k}$$

$$k + n = \frac{L}{l_{k+n}}$$

上述两式相减,可得条纹的增量 n 为

$$n = \frac{L}{l_{k+n}} - \frac{L}{l_k} \tag{附 4-6}$$

将式(附 4-6)代入式(附 4-5),得出金属管的伸长量为

$$\Delta d = \frac{1}{2} n\lambda = \left(\frac{1}{l_{k+n}} - \frac{1}{l_k} \right) \frac{L\lambda}{2} \tag{附 4-7}$$

则线胀系数为

$$\alpha = \frac{L\lambda}{2d\Delta t} \left(\frac{1}{l_{k+n}} - \frac{1}{l_k} \right) \tag{附 4-8}$$

【实验器材】

金属棒(铜棒、铝棒、铁棒)、漆包线、钠光灯、48 mm 的自制劈尖装置(包括劈尖板、半反半透镜、亚克力条)、不锈钢固定地脚、数字式热电偶温度计、数码显微镜、大功率可编程高精度直流稳压电源、HIVIEW 软件、MATLAB 软件.

主要实验器材的质量、尺寸及成本见附表 4-1 至附表 4-3.

附表 4-1 主要实验器材的质量

器材名称	质量/kg
数码显微镜	1.015
钠光灯	4.995
亚克力板盒子	1.119
8 个不锈钢固定地脚	0.400
金属棒(包含所缠漆包线)	0.873
数字式热电偶温度计	0.238
大功率可编程高精度直流稳压电源	6.580
总质量	15.220

附表 4-2 主要实验器材的尺寸

器材名称	尺寸/mm
亚克力板盒子	长为 200.0,宽为 200.0,高为 170.0
不锈钢固定地脚(8 个)	底座的直径为 30.0 螺杆的直径为 6.0,螺杆的长为 50.0
劈尖板	长为 48.0,宽为 25.0,高为 5.0
半反半透镜	直径为 25.0,支撑高为 60.0
金属棒	长为 170.0,外径为 14.0
钠光灯	高为 425.0

续表

器材名称	尺寸/mm
钠光灯电源	长为130.0,宽为125.0,高为95.0
数码显微镜	高为385.0
数字式热电偶温度计	长为162.0,宽为65.0,高为38.0
大功率可编程高精度直流稳压电源	长为400.0,宽为142.0,高为150.0
作品总高度	425.0

附表 4-3 主要实验器材的成本

器材名称	成本价格/元
自制劈尖装置	350
不锈钢固定地脚(8个)	44
亚克力板盒子	80
数码显微镜	100
数字式热电偶温度计	60
总成本	634

【实验步骤】

1. 调整实验平台,打开钠光灯电源,把数码显微镜连接到计算机,观察干涉条纹是否清晰.
2. 打开直流稳压电源和数字式热电偶温度计开关,观察温度的变化和条纹的变化.
3. 在升温过程中,记录温度,每隔 1 ℃,采集一张图片.
4. 在截取的图片中连续选择 6 张条纹尽量平行的图片,并使用 MATLAB 软件计算劈尖角、材料伸长量及线胀系数.

【实验数据与处理】

本实验利用电加热法对不同种类的金属棒(铜棒、铝棒、铁棒)进行加热,使得劈尖条纹发生变化,以此得到金属的线胀系数.实验数据见附表 4-4 至附表 4-6.

附表 4-4 铜棒的实验数据

温度/℃	条纹间距/ ($\times 10^{-4}$ m)	倾角/ ($\times 10^{-3}$ rad)	伸长量/ ($\times 10^{-6}$ m) (与上一张相比)	线胀系数/ ($\times 10^{-5}$ ℃$^{-1}$) (与上一张相比)	平均值/ ($\times 10^{-5}$ ℃$^{-1}$)
40	2.761	1.067	/	/	
41	2.630	1.121	2.402	1.413	
42	2.498	1.180	2.654	1.561	1.766
43	2.367	1.245	2.969	1.735	
44	2.235	1.318	3.296	1.939	
45	2.104	1.401	3.708	2.181	

附表 4-5　铝棒的实验数据

温度/℃	条纹间距/ （×10⁻⁴ m）	倾角/ （×10⁻³ rad）	伸长量/ （×10⁻⁶ m） （与上一张相比）	线胀系数/ （×10⁻⁵ ℃⁻¹） （与上一张相比）	平均值/ （×10⁻⁵ ℃⁻¹）
40	2.893	1.019	/	/	2.517
41	2.630	1.121	4.585	2.697	
42	2.367	1.245	5.604	3.296	
43	2.235	1.318	3.296	1.939	
44	2.104	1.401	3.708	2.181	
45	1.972	1.494	4.203	2.472	

附表 4-6　铁棒的实验数据

温度/℃	条纹间距/ （×10⁻⁴ m）	倾角/ （×10⁻³ rad）	伸长量/ （×10⁻⁶ m） ［与上一张相比］	线胀系数/ （×10⁻⁵ ℃⁻¹） ［与上一张相比］	平均值/ （×10⁻⁵ ℃⁻¹）
50	3.550	0.302	/	/	1.256
51	3.287	0.897	2.989	1.758	
52	3.156	0.934	1.681	0.989	
53	3.025	0.975	1.827	1.075	
54	2.893	1.019	1.933	1.173	
55	2.761	1.067	2.183	1.284	

由以上实验数据，得出结论：在温度 30～65 ℃ 内，铜的线胀系数平均值为 1.766×10^{-5} ℃⁻¹，铝的线胀系数平均值为 2.517×10^{-5} ℃⁻¹，铁的线胀系数平均值为 1.258×10^{-5} ℃⁻¹.

本实验利用电加热法对不同种类的金属棒（铜棒、铝棒、铁棒）进行加热，使得劈尖条纹发生变化，利用 HIVIEW 软件每隔 1 ℃ 截图一次，通过对截取图片的筛选、处理，选取适当的连续 6 张图片导入 MATLAB 软件，对图片进行分析，并得到条纹间距、倾角、伸长量、线胀系数等数据.

附图 4-3、附图 4-4、附图 4-5 分别是铜棒、铝棒、铁棒的实验数据导入 MATLAB 所得的图片.

附图 4-3　铜棒的测量数据

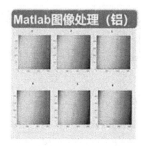

附图 4-4　铝棒的测量数据

附图 4-5　铁棒的测量数据

根据 MATLAB 软件所得到的不同材料的金属棒的线胀系数的平均值,查阅文献,计算百分误差,结果见附表 4-7.

附表 4-7　测量值与理论值的误差计算

金属材料	理论值/($\times 10^{-5}\ ℃^{-1}$)	测量值/($\times 10^{-5}\ ℃^{-1}$)	百分误差/%
铜棒(紫铜)	1.72	1.766	2.7
铝棒	2.30	2.517	9.4
铁棒	1.22	1.256	3.0

【误差原因分析】

上述实验数据表明,本实验利用劈尖干涉实现了对不同种类金属棒(铜棒、铝棒、铁棒)线胀系数的测量,百分误差范围为 2.7%～9.4%.与通过文献查到的金属棒(铜棒、铝棒、铁棒)的线胀系数相比,存在相对误差.

经过分析,我们认为误差的来源主要有以下几点:

(1) 系统误差:数字式热电偶温度计的读数只能读到一位小数,精度有限.

(2) 测量误差:劈尖条纹微小的不平行导致的测量误差,在计算像素点时两个像素的步长存在误差.

(3) 环境误差:环境的变化会对条纹有影响.

【注意事项】

1. 此金属线胀系数测试仪属于光学测量设备,操作中注意保持测试仪周围环境稳定,避免碰撞、晃动实验桌和身体重压实验桌.

2. 为了避免环境杂光的影响,建议实验在暗室中进行.

3. 放置金属棒时,确保它与下面的玻璃板垂直,避免对金属棒进行加温后金属棒发生滑动.

4. 金属棒上下的铁片应旋紧,不锈钢固定地脚也要旋紧.

5. 放置上面的劈尖板时,要确保劈尖条纹与铁片边沿水平.

6. 调节数码显微镜时,要使劈尖条纹在计算机上尽量呈水平状态,使得利用 MATLAB 软件能更好地求取图片条纹宽度.

【实验意义及创新点】

1. 深刻认识到金属的热膨胀现象与膨胀系数的物理意义.

2. 通过热学现象的光学观测法,了解物理学不同学科之间可以相互交叉和融合,从而全方位地了解自然现象.

3. 发现力学与机械结构的局限性,学习这种局限性的解决方法.

4. 以劈尖干涉法取代光杠杆法,了解并体会提高测量精度的方法和途径.

5. 利用 MATLAB 与 HIVIEW 软件,代替手工测量和传统计算,避免了人眼观察的误差,大大提高了工作效率.

实验五　液面驻波演示及表面张力系数的测量

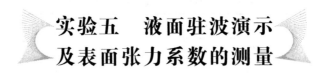

【实验简介】

通过查阅文献,制作了一套液面二维驻波演示及测量液体表面张力的装置.将液体平铺在透明亚克力板上,在表面张力的作用下得到均匀的液膜.驱动承液板做上下微幅振动,在合适的频率下可在液膜表面得到稳定的驻波图样.利用光学方法将驻波图样投影到屏幕上,再通过自制的装置演示不同形状液膜的驻波图样,测量驻波的波长,计算液体表面张力,并探索温度对液体表面张力系数的影响.

【实验目的】

1. 通过实验进一步理解驻波的形成原理及其性质.

2. 学习产生二维驻波的方法,观察二维驻波现象.

3. 学习利用几何光学原理观察驻波图样的方法.

4. 学习利用 MATLAB 软件编程及图像处理技术,实现驻波波长的测量.

【实验原理】

一、水波的色散关系

水波的回复力包括重力和表面张力,水波的波速与波长和水深都有关系.当水波振幅比较小时,忽略高阶效应,线性水波的色散关系为

$$\omega^2 = k\left(g + \frac{\sigma}{\rho}k^2\right)\tanh(kh) \quad \text{(附 5-1)}$$

式中,ω 为角频率,k 为波数,g、σ、ρ、h 分别为重力加速度、水的表面张力系数、水的密度和水的深度.在波长非常短的情况下,当水面曲率半径足够小,除了重力波外,表面张力波也开始起显著作用,即对于短波 $\left(k \gg \sqrt{\frac{\rho g}{\sigma}}\right)$,重力波可以忽略,此时称为毛细波.当水的深度足够,即满足 $\tanh(kh) \approx 1$ 时,式(附 5-1)可以简化为

$$\omega^2 = k\left(g + \frac{\sigma}{\rho}k^2\right) \quad \text{(附 5-2)}$$

故水的表面张力系数可以表示为

$$\sigma = \left(\frac{\rho}{k^2}\right)\left(\frac{\omega^2}{k} - g\right) \quad \text{(附 5-3)}$$

根据波速与波长的关系、角频率与频率的关系,最后我们得出,表面张力系数 σ 与频率 f 和波长 λ 的关系如下:

$$\sigma = \left(\frac{\rho\lambda^2}{4\pi^2}\right)\left(\frac{8\pi^3 f^2}{\lambda} - g\right) \quad \text{(附 5-4)}$$

因此,可以通过测量波长 λ 和频率 f,得到水的表面张力系数.

二、驻波成像原理

液面驻波振幅小,一般不便用肉眼直接观察.一束绿光透过液膜,而液膜表面相当于若干凸透镜(波峰)和凹透镜(波谷)的组合,其中凸透镜可以使光束会聚,在屏上会形成亮点或亮线,如附图 5-1 所示.

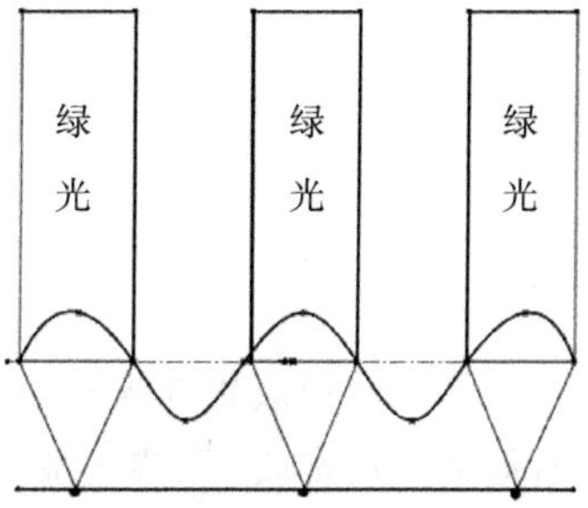

附图 5-1 驻波成像示意图

三、驻波图样

通过测量得到水膜的厚度约为 3 mm,除了弧形的边缘部分外,可认为水膜厚度均匀.

驻波产生机制并不复杂:以正方形承液板为例,当承液板随着底盘上下振动时,其边缘带着液膜一起振动,并形成水波,当与对边传来的水波相遇时会叠加形成驻波.同理,相垂直的边所产生的水波也会在相遇时叠加形成驻波,于是形成了二维网格状驻波.在驻波中,其波腹和波节形成稳定的空间分布.

【实验器材】

绿光光源(便于观察图样)、高速摄像头(捕捉清晰图样)、硫酸纸(用作投影片,投影图样)、各种形状的承液板(驻波产生的媒介)、振动台(驱动承液板振动)、信号发生器(提供正弦波)、装载 MATLAB 软件的计算机(图像、数据处理)、红外测温枪(测量水温)4 个 4 寸低音扬声器、平面镜、水、正方体、铁质支架、底座(亚克力板).

实验装置实物图如附图 5-2 所示.

因本实验扬声器的振幅很小,所以选用四个 4 寸低音扬声器,并将之放置在一个挖去四个圆孔的平板上,平板用四个调平地脚支撑,信号发生器输出正弦波,通过四个串联的扬声器,保证它们的振动频率相同.然后,将一个边长为 16 cm 的正方体放置在平板上.

附图 5-2　实验装置实物图

正方体由透明亚克力板粘贴而成,内部放置了倾斜角为 45°的平面镜,表面粘贴一张硫酸纸作为投影屏,上方的光源从正上方垂直射入水膜,通过平面镜投射到屏上.

系统架构示意图如附图 5-3 所示.

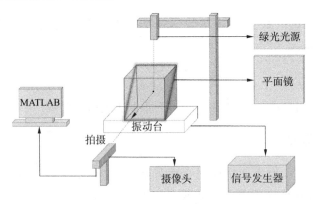

附图 5-3　系统架构示意图

将承液板放置在振动台上,缓慢地向承液板注入水,由于水的表面张力,会在承液板表面形成一层水膜,保持光源常亮,打开信号发生器,使之输出正弦波,四个串联的扬声器开始振动,带动承液板振动,并调节至适当的频率,在屏上就会呈现出稳定的驻波图样.然后用摄像头采集图像,利用 MATLAB 软件进行图像处理,得到清晰的图样,分析图样,得到的两个亮线之间的距离即为驻波的波长.

主要实验器材的质量、尺寸及成本见附表 5-1 至附表 5-3.

附表 5-1　主要实验器材的质量

实验器材	质量/g
绿光光源	106

续表

实验器材	质量/g
铁质支架	135
承液板(亚克力板)	50
正方形框架(亚克力板)	270
平面镜	87
底座(亚克力板)	108
扬声器	3 000
总质量	3 756

附表 5-2 主要实验器材的尺寸

实验器材	尺寸/mm
光源长度(激光)	长为80
铁质支架	底板:长为80,宽为120,厚为3.支架:高为800
承液板(亚克力板)	长为100,宽为100,高为5
正方体(亚克力板)	长为150,宽为150,高为150
平面镜	长为150,宽为212.2,高为3
底座(亚克力板)	长为200,宽为200,高为5
扬声器	圆柱形,半径为45,高为80
总高度	800

附表 5-3 主要实验器材的成本

实验器材	价格/元
绿光光源	25.3
铁质支架	20.0
承液板(亚克力板)	5.0
正方形框架(亚克力板)	120.0
平面镜	39.0
底座(亚克力板)	109.0
扬声器	144.0
高速摄像头	108.0
红外测温枪	39.8
总成本	610.1

【实验步骤】

1. 准备好实验工具,调节振动台,使承液板保持水平.

2. 将水滴在承液板上，使水膜尽量饱满.
3. 打开绿光光源，连接信号发生器，将四个扬声器串联.
4. 使信号发生器输出合适频率的正弦波.
5. 调节承液板位置，确认驻波图样在投影屏中央.
6. 用高速摄像头观察并拍摄、保存不同频率下的图样.
7. 将保存图样导入 MATLAB 软件中进行二值化、腐蚀、细化等处理.
8. 分析处理后的图样，记录相应驻波数据.
9. 根据测量的数据计算水的表面张力.

【实验数据与处理】

在完成实验装置的基础上，我们进行了三组实验.下面分别予以简要介绍.

一、改变承液板的形状，观察不同形状的液面驻波图样

在实验中通过更换不同形状的承液板，得到了不同形状的二维驻波形状，如附图 5-4 所示.

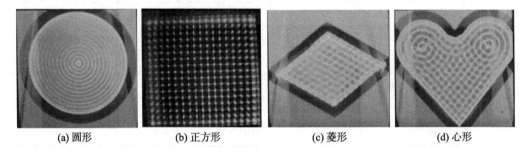

(a) 圆形　　(b) 正方形　　(c) 菱形　　(d) 心形

附图 5-4　不同形状承液板形成的驻波图样

二、测量同一承液板、不同频率下驻波的波长，计算水的表面张力系数

采用正方形承液板进行实验，使用 MATLAB 软件对采集到的驻波图样依次进行二值化、腐蚀、细化处理，处理后的图像如附图 5-5 所示.

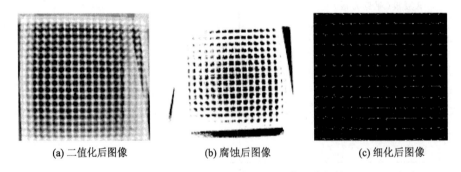

(a) 二值化后图像　　(b) 腐蚀后图像　　(c) 细化后图像

附图 5-5　利用 MATLAB 处理后的驻波图样

再使用 MATLAB 软件自带的图像处理工具，拉取 10 个正方形小格的单位长度，再拉取整个承液板的单位长度，则可以得到 10 个小正方形占整个承液板的比例.

承液板为边长 100 mm 的正方形，根据前面得到的比例即可计算 1 个小正方形的边长，那么驻波波长即为小正方形的边长.

在 40～62 Hz 频率范围内,每隔 2 Hz 重复上述实验内容,记录此时信号发生器显示的频率 f(Hz),再根据公式 $\sigma = \left(\dfrac{\rho\lambda^2}{4\pi^2}\right)\left(\dfrac{8\pi^3 f^2}{\lambda} - g\right)$,依次计算出不同频率下的表面张力系数,取平均值,最终测得水的表面张力系数为 7.87×10^{-2} N/m.

三、进行不同温度下水的表面张力系数实验

查询文献,得知温度对水的表面张力系数有影响.我们使用红外测温枪实时监测水的温度,在 20 ℃、22 ℃、24 ℃、26 ℃、28 ℃、40 ℃、45 ℃ 温度下分别进行了实验,测量得到的实验结果见附表 5-4.

我们发现:随着温度的增加,水的表面张力系数会减小.在查阅资料后得到了这些温度下水的表面张力系数的参考值,并据此计算了百分误差(附表 5-4).

附表 5-4　不同温度下水的表面张力系数的百分误差

T/℃		20	22	24	26	28	40	45
σ /(10^{-2} N/m)	参考值	7.28	7.25	7.21	7.18	7.14	6.96	6.88
	实验值	8.12	7.95	7.87	7.83	7.78	7.57	7.49
百分误差/%		11.5	9.7	9.2	9.1	9.0	8.8	8.9

【误差原因分析】

在本次实验中,误差主要来自如下几个方面:

1. 简化模型公式引起的建模误差.
2. 图像处理引起的误差.
3. 承液板上水的温度不均匀,使表面张力系数变化引起的误差.

【注意事项】

1. 一定要使水均匀平铺在承液板上,确保水面饱满平整.
2. 承液板上水的厚度不能太厚,保持在 3 mm 左右.
3. 确保实验仪器周围无强烈外界光.

【实验意义及创新点】

1. 将力学、光学理论知识与图像处理技术相融合,实现了各种不同形状的液面驻波的演示与测量.
2. 常规实验只测量室温下液体的表面张力系数,而本实验定量地研究了温度对于表面张力系数的影响,并发现该系数随着温度升高而减小.
3. 有效再现经典物理现象,并进行科学定量分析.
4. 实验中,我们意外地发现,液面上形成的二维驻波的频率是连续谱,而其他驻波的频率是分立或成倍频关系,我们希望此现象能够引起大家的注意.

实验六 涡电流的产生与测绘

【实验简介】

通过查阅文献,设计并制作了一套能产生交变磁场并且可以检测感生电动势的系统——载流长直螺线管与示波器.以足够长的漆包线绕制螺线管,将 220 V 50 Hz 交流电通入螺线管.将金属环平铺在螺线管内的透明亚克力板上,当螺线管中的电流发生变化时会激发涡旋电场,在涡旋电场的作用下产生感生电动势或感生电流——涡电流.通过示波器观察和测量感生电动势,并将数据导入计算机,利用 MATLAB 软件对数据进行处理后,得到感生电动势和涡旋电场在同一水平面的分布情况,进而得到涡电流的分布情况.

【实验目的】

1. 通过实验进一步理解涡电流的形成及其性质.
2. 学习产生并测绘涡电流分布的方法.
3. 学习利用示波器观察感生电动势并进行测量的方法.
4. 学习利用 MATLAB 软件进行数据处理,并绘制感生电动势和感生电场的方法.

【实验原理】

本实验采用长直螺线管通入交变电流形成变化的磁场.使用漆包线在亚克力圆桶上环绕形成螺线管,通过接入 220 V 50 Hz 的交流电源,在桶的内部形成空间上均匀但随着时间变化的磁场.测量磁场中某一铜环中产生的感应电动势,计算得出涡旋电场的分布情况,进而得出涡电流的分布情况.附图 6-1 是在螺线管中形成变化磁场的原理图.

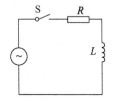

附图 6-1 励磁电路图

本实验采用 1 mm 漆包线制作螺线管,螺线管匝数 N 为 970 匝,长 L_0 为 0.194 m(附图 6-2).用漆包线制作不同半径的开口、闭口圆线圈,测量时将它们同心地置于螺线管中部截面内部和外部.螺线管的电阻 R 可通过下式计算:

$$R = \frac{\rho l}{S} \qquad (\text{附 6-1})$$

式中,ρ 为铜线的电阻率,$\rho = 1.72 \times 10^{-8}$ Ω·m;l 为铜线的长度,$l = 570.0$ m;S 为螺线管铜线截面面积,$S = 7.85 \times 10^{-7}$ m². 计算得螺线管的电阻 $R = 12.5$ Ω.

线圈电路相当于电阻 R(阻值为 R)和电感 L(感抗为 Z_L)的串联.自感系数可由下式计算:

$$L = \mu_0 n^2 V \qquad (\text{附 6-2})$$

式中，$\mu_0 = 4\pi \times 10^{-7}$ T·m/A；n 为螺线管单位长度的匝数，$n = 5\,000$ 匝/m；V 为螺线管的体积，螺线管的长度 $L_0 = 0.194$ m，螺线管的底面积 $S = 2.54 \times 10^{-2}$ m^2，则 $V = SL_0 = 4.93 \times 10^{-3}$ m^3。代入相关数据，可得线圈的自感系数 $L \approx 0.154\,8$ H。无限长螺线管的自感系数比有限长螺线管的自感系数要大，经查阅文献，有限长螺线管的自感系数 L_1 与无限长螺线管的自感系数 L 比值 $L_1/L = 0.89$，则 $L_1 = 0.138$ H。

附图 6-2　螺线管

线圈的感抗为

$$Z_{L_1} = \omega L_1 = 2\pi f L_1 \qquad (\text{附 6-3})$$

式中，$f = 50$ Hz，于是 $Z_L = 43.3$ Ω。

R、L_1 串联的总阻抗为

$$Z = \sqrt{R^2 + (\omega L_1)^2} \qquad (\text{附 6-4})$$

总阻抗为 $Z = 45.068$ Ω。

电源为 220 V 50 Hz 交流电，其电压的峰值 $V = 311$ V，其电流的峰值为

$$I = \frac{V}{Z} = \frac{V}{\sqrt{R^2 + (\omega L)^2}} \qquad (\text{附 6-5})$$

则可得电流峰值为 $I = 6.9$ A。

通过毕奥-萨伐尔定律，计算出螺线管产生的匀强磁场的磁感应强度为

$$B = \mu_0 n I = B_0 \cos 100\pi t \qquad (\text{附 6-6})$$

将前边的数据代入，得 $B_0 = 0.043$ T。

最后，运用法拉第电磁感应定律，计算出放置于磁场中铜环的电动势 $\mathscr{E}$ 为

$$\Phi = B\pi r^2 = 0.043\pi r^2 \cos 100\pi t \qquad (\text{附 6-7})$$

$$\mathscr{E} = -\frac{d\Phi}{dt} = 4.3\pi^2 r^2 \sin 100\pi t \qquad (\text{附 6-8})$$

式中，r 为开路铜环半径（$25.0 \sim 75.0$ mm，$96.0 \sim 190.0$ mm），$\mathscr{E}$ 为开路铜环两端的感应电动势的瞬时峰值。

根据电动势可得涡旋电场为

$$E = \frac{\mathscr{E}}{2\pi r} = 2.15\pi r \sin 100\pi t \qquad (\text{附 6-9})$$

根据欧姆定律的微分形式，可知涡电流的分布情况，即

$$\boldsymbol{J} = \sigma \boldsymbol{E} \qquad (\text{附 6-10})$$

【实验器材】

1. 自制螺线管：螺线管高为 0.194 m，半径为 0.095 m，螺线管两端通入 220 V 50 Hz 交流电。

2. 用漆包线制作单匝开口铜环：将开路铜环规律地粘贴在亚克力板上，放置在螺线管的内外侧。使各铜环形成同心圆，铜环圆心与螺线管轴心重合（桶内圆环半径为 $25.0 \sim 75.0$ mm，间隔约为 2.5 mm，共 21 个；桶外圆环半径为 $96.0 \sim 190.0$ mm，间隔为 5 mm，

共 19 个).

3. 示波器(Tektronix DPO 2012):示波器探测线一端与示波器 1 通道连接,一端与开路铜环两端相接,测得铜环两端感应电动势峰峰值,将数据导入计算机.

4. 红外热成像仪(TMi120S):测量闭口铜环在螺线管内加热 30 s 中的温度变化.

5. 闭口铜环:将闭口铜环规律地粘贴在亚克力板上,放置在螺线管的内外侧.使各铜环形成同心圆,各铜环圆心与螺线管轴心重合(铜环半径为 25.0 mm、35.0 mm、50.0 mm、70.0 mm).

6. 铁架台:用来固定红外热成像仪.

7. 220 V 50 Hz 交流电.

8. 亚克力板.

9. 用于数据处理的计算机.

主要实验器材的质量、尺寸及成本见附表 6-1 至附表 6-3.

附表 6-1 主要实验器材的质量

实验器材	质量/g
螺线管	9 400
亚克力板	640
闭口铜环	220
漆包线	320
红外热成像仪	310
总质量	10 890

附表 6-2 主要实验器材的尺寸

实验器材	尺寸
螺线管	Φ180 mm×194 mm
亚克力板	40 mm×40 mm
铜环	半径 5～190 mm
漆包线	线长为 5 m,截面积为 2.5 mm^2
红外热成像仪	197 mm×72 mm×60 mm^3
总高度	197 mm

附表 6-3 主要实验器材的成本

实验器材	价格/元
螺线管	80
亚克力板	97
铜环	429
电线	19
红外热成像仪	借用
总成本	625

【实验步骤】

1. 根据上述实验设备搭建如附图 6-3 所示的实验系统.

2. 连接电路,示波器表笔连接铜环两端,示波器的探测头一端与示波器的 1 通道相连,另一端连接在开路铜环两侧,如附图 6-4 所示.

附图 6-3　系统搭建图

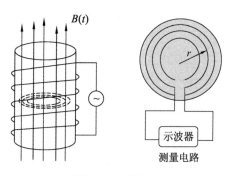

附图 6-4　测量电路

3. 调试示波器,打开示波器开关,调试示波器测量范围,由于螺线管还没有通电,目前没有信号,示波器显示屏上的图像为一条水平直线.

4. 观察并测量感生电动势,打开螺线管供电电源,暂停并截取示波器上的曲线图像,测量曲线峰峰值并记录数据,关闭螺线管供电电源.

5. 将数据导入 MATLAB 软件中进行计算、处理(附图 6-5),得到同一水平面上的感生电动势及涡旋电场与半径的关系及它们在空间中的分布情况.

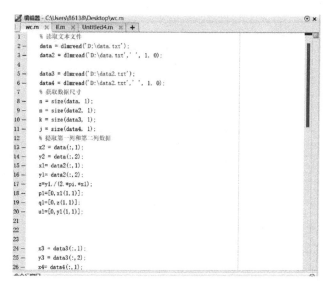

附图 6-5　MATLAB 部分编程程序展示

6. 通过涡电流的热效应表征涡电流在空间中的分布,待装置冷却至室温,放入闭口铜环,固定红外热成像仪,加热 30 s 后,用红外热成像仪记录交变磁场中不同半径闭口铜环的热现象,关闭电源.

7. 实验后整理实验装置.

【实验数据与处理】

实验中通过示波器测量不同半径下铜环的电压,即感生电动势.数据见附表 6-4.

附表 6-4　不同半径下感生电动势和感生电场的理论值与实验值

半径/ ($\times 10^{-3}$ m)	理论电动势/ ($\times 10^{-3}$ V)	实验电动势/ ($\times 10^{-3}$ V)	理论电场/ (V/m)	实验电场/ (V/m)
0	0	—	0	—
25.0	26.4	26.0	0.168	0.166
27.5	32.0	31.2	0.185	0.181
30.0	38.2	38.0	0.203	0.202
32.5	44.8	44.0	0.220	0.216
35.0	51.9	53.0	0.236	0.241
37.5	59.6	60.0	0.253	0.255
40.0	67.8	69.0	0.270	0.275
42.5	76.6	77.0	0.287	0.288
45.0	85.9	87.0	0.304	0.308
47.5	95.7	96.0	0.321	0.322
50.0	106.0	108.0	0.338	0.344
52.5	116.9	118.0	0.355	0.358
55.0	128.2	130.0	0.371	0.376
57.5	140.2	142.0	0.388	0.393
60.0	152.6	155.0	0.405	0.411
62.5	165.6	168.0	0.422	0.428
65.0	179.1	182.0	0.439	0.446
67.5	193.2	196.0	0.456	0.462
70.0	207.7	211.0	0.472	0.480
72.5	222.8	227.0	0.489	0.499
75.0	238.5	244.0	0.506	0.518

【误差原因分析】

我们将实验数据与理论数据进行对比,得出实验误差,结果见附表 6-5。

附表 6-5　不同半径下感生电动势的实验值和理论值及其误差

实验电动势/ ($\times 10^{-3}$ V)	理论电动势/ ($\times 10^{-3}$ V)	误差/%	理论电场/ E/(V/m)	实验电场/ E/(V/m)	误差/%
—	0	—	0	—	—
26.0	26.4	1.5	0.168	0.166	1.2
31.2	32	2.5	0.185	0.181	2.2

续表

实验电动势/ ($\times 10^{-3}$ V)	理论电动势/ ($\times 10^{-3}$ V)	误差/%	理论电场/ E/(V/m)	实验电场/ E/(V/m)	误差/%
38.0	38.2	0.5	0.203	0.202	0.5
44.0	44.8	1.8	0.220	0.216	1.8
53.0	51.9	2.1	0.236	0.241	2.1
60.0	59.6	0.7	0.253	0.255	0.8
69.0	67.8	1.8	0.270	0.275	1.9
77.0	76.6	0.5	0.287	0.288	0.3
87.0	85.9	1.3	0.304	0.308	1.3
96.0	95.7	0.3	0.321	0.322	0.3
108.0	106	1.9	0.338	0.344	1.8
118.0	116.9	0.9	0.355	0.358	0.8
130.0	128.2	1.4	0.371	0.376	1.3
142.0	140.2	1.3	0.388	0.393	1.3
155.0	152.6	1.6	0.405	0.411	1.5
168.0	165.6	1.4	0.422	0.428	1.4
182.0	179.1	1.6	0.439	0.446	1.6
196.0	193.2	1.4	0.456	0.462	1.3
211.0	207.7	1.6	0.472	0.480	1.7
227.0	222.8	1.9	0.489	0.499	2.0
244.0	238.5	2.3	0.506	0.518	2.4

不同半径下感生电动势和感生电场的理论值和实验值分布曲线如附图 6-6 和附图 6-7 所示.

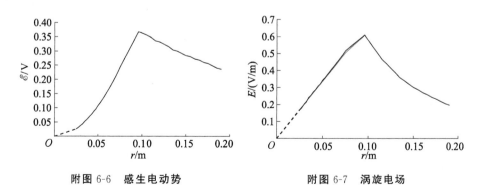

附图 6-6　感生电动势　　　　　　附图 6-7　涡旋电场

此外,我们还拟合了管外电动势的经验公式($\mathscr{E}=-1.4r+0.5$),感生电场的经验公式 $\left(E=\dfrac{-1.4r+0.5}{2\pi r}=\dfrac{1}{4\pi r}-\dfrac{7}{10\pi}\right)$.

在本实验中,误差主要来自以下几个方面:

1. 铜环的开口大小对实验的影响.
2. 示波器探头两端对实验的影响.
3. 铜环的制作和测量对实验的影响.
4. 示波器精度带来的影响.

【注意事项】

1. 鉴于示波器表笔连接铜环时的位置对感生电动势的测量有一定影响,测量时应将表笔竖直测量.
2. 实验过程中应保证实验装置的稳定性,减小因电磁效应产生震动对实验结果的影响.
3. 及时关闭电源,防止温度过高对实验器材产生损坏.
4. 鉴于温度对实验结果的影响,要在通电后尽快地完成实验.

参 考 文 献

[1] 钱铮,李成金.普通物理学:上册[M].北京:科学出版社,2019.
[2] 路峻岭,王长江,秦联华.金属管(杆)横驻波演示实验[J].物理实验,2012,32(2):30-31,38.
[3] 李庆华.材料力学[M].3版.成都:西南交通大学出版社[M].2005.
[4] 周敏彤,蒋常炯,苏梓豪.电子实验技术基础[M].苏州:苏州大学出版社,2021.
[5] 周鸣籁,吴红卫,方二喜,等.模拟电子线路实验教程[M].苏州:苏州大学出版社,2017.
[6] 陈永真,李锦.电容器手册[M].北京:科学出版社,2008.
[7] Scherz P, Monk S. Practical Electronics for Inventors[M]. 3rd. Edition. New York: McGraw-Hill,2013.
[8] 向端燕.对管中驻波开口端的声波反射的讨论[J].物理教学探讨,2018,36(10):53-54.
[9] 张三慧.大学物理学(第1册):力学[M].2版.北京:清华大学出版社,1999:65-75.
[10] 杜功焕,朱哲民,龚秀芬.声学基础[M].3版.南京:南京大学出版社,2012:107-191.
[11] 梁昆淼.数学物理方法[M].2版.北京:人民教育出版社,1978:370-371.
[12] 郭敦仁.数学物理方法[M].北京:高等教育出版社,1965:289-335.
[13] 邵维科,赵霞,轩植华.驻波法测量声速实验的探讨[J].物理实验,2017,37(3):48-51.
[14] 于慧君.简易电磁阻尼、电磁驱动演示仪[J].中学物理,2011,29(19):26-27.
[15] 胡安正,胡坤鹏.对比型电磁驱动演示装置[J].教学仪器与实验,2007,23(10):39.
[16] 亿达昆泰.铝及铝合金导电率和电阻率[DB/OL].2019-04-16[2024-05-10].http://www.yidakuntai.com/news/95/229.html.
[17] 俞世钢,潘日敏,许富洋.基于光纤传感技术的金属线胀系数非接触测量[J].传感器技术,2005,24(2):66-67.
[18] 李俊桥,刘智慧.一种金属线胀系数精确测量方案的研究[J].大学物理实验,2018,31(2):16.
[19] 胡君辉,李丹,唐玉梅,等.光杠杆法测定金属线胀系数实验分析[J].大学物理实验,2010,23(1):30-32.
[20] 章韦芳,强晓明.金属线胀系数测定实验仪的研究综述[J].中国科技信息,2013(4):39.
[21] 陈华.劈尖干涉应用于金属线胀系数测定探究[J].物理通报,2020(12):92-93.

[22] 栾照辉.利用传感器测量金属的线胀系数[J].大学物理实验,2007,20(2):15-16.
[23] 孙家军,高峰,徐崇.干涉法测量固体的线膨胀系数[J].大学物理实验,2008,22(2):38-40.
[24] 丁力,娄昊楠,吕景林,等.水波频闪法测量液体表面张力系数[J].大学物理实验,2005,18(3):8-10.
[25] 杨泓,谯楷耀,阮承宗.水波色散关系测量方法探讨[J].大学物理,2016,35(10):52-55.
[26] 铁小匀,张进治,安艳伟,等.基于光学投影的智能化水波演示仪[J].物理实验,2016,36(12):12-15.
[27] 欧阳丽婷,杨旭东,刘敏蔷,等.水面波驻波演示仪[J].物理实验,2016,36(2):26-28.
[28] 吴秀芳.水面波的几何结构及色散关系[J].大学物理,1989(11):10-14.
[29] 卢桂林,钟浩源,谭铝平,等.液体表面驻波的演示和驻波波长的测量[J].物理实验,2019,39(5):29-33.
[30] 王锴,廖斌,吴先映,等.利用MATLAB研究多螺线管磁场分布[J].北京师范大学学报(自然科学版),2013,49(6):565-570.
[31] 郑建才.电涡流检测技术在多层厚度检测中的应用研究[D].杭州:浙江大学,2003.
[32] 刘耀康.螺线管磁场的数值解[J].高师理科学刊,2008,28(1):60-64.
[33] 郑金.涡旋电场问题归类解析[J].物理教学,2017,39(5):49-53,56.
[34] 江俊勤.有限长密绕圆柱形螺线管自感系数的精确计算[J].广东教育学院学报,2010,30(3):32-34.